U0344223

硬岩矿山微震定位理论与方法

黄麟淇 著

中南大学出版社
www.csupress.com.cn
·长沙·

内容简介

本书以作者及相关学者近年来在微震监测理论技术等方面所做工作为基础，系统总结了为提升金属矿为代表的硬岩矿山微震震源定位精度而提出的新思路、新方法和新技术。包括矿山工程灾害及微震监测技术、矿山微震定位原理、微震到时差拾取方法、微震传感器布置的优化设计、复杂介质中的微震定位方法、矿山岩体灾害微震监测系统和矿山微震监测实例。可供从事安全科学与工程、采矿工程、岩土工程等领域研究和学习的科研工作者、研究生和本科生参考。

作者简介 /

黄麟淇 女，甘肃庆阳人。中南大学安全科学与工程系副教授，博士生导师。中国岩石力学与工程学会科普专委会副主任、中国岩石力学与工程学会工程安全与防护专委会理事。湖南省首批荷尖人才、湖南省青年托举人才、湖南省优秀青年基金和湖南省青年科技奖获得者。

主要从事地下工程灾害监测与预警方面的教学和科研工作。主持国家重点研发计划子课题、国家自然科学基金面上和青年基金等项目；在 *Tunnelling and Underground Space Technology*、*Rock Mechanicas And Rock Engineering* 等期刊以第一作者或通讯作者发表学术论文 27 篇，单篇最高引用 123 次，获得发明专利和软件著作权 13 项，参编行业团体标准 3 部；获中国黄金协会科学技术一等奖（1/20）、中国职业健康协会一等奖（2/15）、湖南省技术发明一等奖（6/6）、湖南省自然科学二等奖（5/6）、中国有色金属工业协会科学技术二等奖（4/20）等多项省部级科研奖励。

前言
Foreword

　　微震定位技术作为一种重要的地质灾害防治技术，可以实时、动态、连续地监测目标区域中的微震发生和分布情况，有效反映岩石破裂情况。它不仅在油井致裂、边坡失稳、深部岩爆等传统工程灾害的预防和控制中扮演着极其重要的作用，而且可以实现对很多非传统震源的定位，如飓风追踪、核潜艇监测、矿难营救等。

　　目前在工程中广泛使用的微震定位算法几乎都是通过预先布置传感器采集信号，以均匀速度模型为基础建立方程组，以到时或到时差作为主要的输入参数，计算震源位置。但是，由于工程情况的复杂性，在实际应用中，到时差拾取精度、传感器布置方案、速度模型准确性、定位算法选择等环节都会不同程度地引入误差，影响微震定位的精度和可靠性。尤其是在以金属矿为代表的硬岩矿山多中段多采场爆破开采和岩体充填体和空区共存的复杂环境中，传统微震定位方法应用于硬岩矿山灾害预警时会产生较大误差，为解决这一影响灾源定位效果的关键问题，作者从研究生阶段开始，就进行了深入研究，提出了提高微震定位精度的一些原创性方法和技术，并通过软硬件的开发，和作者在贵州开磷、山东黄金等矿山的现场应用，较好地实现了硬岩矿山微震定位精度的提升，可为以金属矿为代表的深部硬岩开采中的岩体失稳灾害预警和保障金属矿安全高效开采提供一定的参考和指导。

　　本书大部分成果源于作者在博士期间的研究内容，研究过程中得到了董陇军、翁磊、张楚旋、王少锋、孙道元、赵云阁等博士的帮助，还有一些未能一一署名。

导师李夕兵教授和郝洪院士在研究和稿件创作过程中给予了多方面的指导，在此一并表示感谢。

黄麟淇

2022 年

目录 / Contents

第1章 矿山工程灾害及微震监测技术

　　随着浅层地表矿产资源的日益枯竭、矿产资源开采规模的逐渐增大和逐步向深部推进,矿产资源在开采过程中出现了大量的采空区,对开采区域的环境以及围岩应力分布情况造成了极大的影响,这极易诱发围岩的致灾破裂,包括冒落、塌陷等静力失稳灾害以及随着开采深度增加而产生的动力灾害[1-3]。随着开采规模和深度的增加,矿山工程灾害的潜在风险也进一步提升,这对地下工作人员及设备的安全造成了极大的威胁,极大地影响了矿山的正常生产运营,因此,运用与矿山工程监理相关的监测预警系统是十分必要的。

　　传统的矿山监测手段包括应力监测、位移监测、损伤指标监测等,监测所得结果对开采区域的稳定性监测分析具有一定的参考价值。但在实际的矿山工程监测过程中,受限于开采区域的复杂性以及围岩构成的不确定性,传统的监测手段通常难以实现对开采区域的全范围监测以及实时监测,因此需要引入传统手段之外的方式为矿山工程的监测预警提供指导。而微震技术作为一种行之有效的无损监测手段,能够对岩石破裂过程产生的声学信息进行分析,为矿山工程的安全稳定性监测预警提供必要的参考[4]。本章内容将介绍岩石破裂过程的相关特征及声学特性,阐述矿山工程中存在的主要灾害以及微震技术在地下工程中的相关应用。

1.1 岩石破裂特征及其声学特性

　　岩石材料受载变形破坏是一个渐进的过程,其破坏过程的裂纹闭合与扩展往往伴随有一系列声学现象,而这些声学现象中蕴含了岩石破裂的相关信息,针对岩石破裂过程的声学信号展开相关研究对揭示岩石破裂机制,探究岩石破裂前兆信息具有重要的参考价值,对岩石工程相关的监测预警工作具有一定的指导意义。

本节内容将对岩石材料的破裂特征进行基本介绍,说明岩石破裂过程的裂纹演化基本规律,并对其破坏过程中伴随的声学现象(微震、声发射)以及相关特性进行讨论。

1.1.1 岩石破裂特征

岩石作为地下工程中最主要的承载材料,其受载变形特性以及破坏机理研究对矿山、隧道等各类地下工程开挖过程的稳定性分析和安全生产运营都有着重要参考作用。岩石材料是由多种矿物晶粒、胶结非晶体材料以及各种孔隙缺陷等构成的非均匀混合体,非均质性与各向异性显著。对于岩石材料而言,其受载变形破坏是一个渐进的过程,以裂纹形式描述则包括裂纹闭合、起裂萌生、贯通、扩张进而产生局部断裂、颗粒之间的黏聚力逐步降低,最终表现为岩石的宏观破裂。依据岩石破坏过程对应裂纹形式的差异,破坏全过程可划分为裂纹闭合阶段、弹性变形阶段、裂纹稳定扩展阶段以及裂纹不稳定扩展阶段。其中,在裂纹闭合阶段,岩石材料在外载荷的作用下其内部原生裂隙逐步闭合;在弹性变形阶段,岩石材料的应力与应变之间总体呈线性关系;在裂纹稳定扩展阶段,裂纹随着载荷的增加而逐步增加;而在裂纹不稳定扩展阶段,岩石材料临近失稳破坏,裂纹的扩展不再受载荷稳定控制。

对于岩石破裂特征的研究,传统的研究形式包括实验室岩石力学试验以及数值模拟试验等方法。其中,实验室岩石力学试验方法主要包括单轴压缩试验、三轴压缩试验、抗拉试验、直剪试验等,数值模拟试验方法主要包括将岩石材料视为适用连续介质的有限元法、边界元法等,以及非连续介质适用的离散元法等。岩石力学试验和数值模拟试验相结合的方式能够对岩石的破裂过程的相关物理力学特性规律进行一系列有效研究。然而,受限于岩石材料本身构成结构的复杂性与随机性,传统的研究方法难以对岩石破裂过程的裂纹扩展规律进行细致的描述,且对相关岩石工程参考指导的作用也较难直观体现。

岩石破坏的过程往往伴随有一系列声学现象,可以为对岩石破裂特征相关研究存在的不足进行补充拓展,目前将岩石破坏过程的声学现象与传统研究方法结合来开展相关研究,进而为岩石工程应用提供参考和指导。通常认为,在裂纹闭合阶段伴随有少量声学现象,而在弹性变形阶段的声学现象较不显著,随着加载的进行,该声学现象在裂纹稳定扩展与非稳定扩展阶段则表现为激增的趋势。除了声学现象本身,其伴随的声学信号中也蕴含了岩石损伤破裂的相关信息,对岩石破裂过程的声学信号进行研究对探究裂纹演化规律、岩石损伤破裂机理具有重要的参考意义。

1.1.2　岩石声发射与微震

　　岩石材料破坏过程的声学现象是指在受外界载荷作用的影响下，岩石内部局部区域能量以弹性波的形式迅速释放的过程。在自然界中，岩石声学现象主要表现为天然地震现象，而在岩石试验以及岩石工程中，岩石声学现象则表现为声发射和微震现象[5, 6]。岩石声发射与微震现象在生成机理与表现形式上与天然地震现象类似，均是通过岩体受荷载破坏过程的声学和能量原理加以定义的，因此，在相关研究形式上也具有一定的相通之处，目前，关于岩石声发射技术与微震技术的相关研究理论及应用大多是在地震监测技术的基础上发展而来的，关于微震、地震和声发射之间的异同主要体现在信号所覆盖的频率范围，微震、地震和声发射三者所对应的频率分布范围如图 1-1 所示。

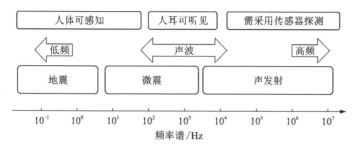

图 1-1　岩石声学现象频率分布示意图

　　从岩石声学现象的频率分布图可以看出，地震对应的声波频率分布在低频范围，人耳无法直接听见，但伴随而来的地震波所造成的宏观地质破坏能够被人体直接感知，而声发射与微震现象的信号频率相较于地震则分布在更高的频率范围，其中微震对应的声波频率在声波段与低频段均有分布，通常对应于岩石工程领域中工程尺度的破坏，声发射现象对应的声波则基本分布在高频段，人耳通常难以感知，需要采用高频传感器进行监测获得。

　　微震与声发射现象的产生机理相类似，微震波的频率相对较低，波长较长，所表现的破坏形式通常为岩石的宏观破坏，通常称工程尺度下的破坏为微震。而声发射波的频率较高，相应的波长较短，所表现的破坏形式通常为岩石微裂纹的扩展，通常称实验室尺度下的破坏为声发射。

　　微震与声发射的理论研究与工程应用是一致且互为补充的，岩石工程在形成宏观裂隙破坏之前，往往伴随有一系列微裂纹的闭合、萌生、扩展、贯通，随着微裂纹造成损伤的逐步累积，工程岩体的承载能力逐渐降低，最终表现为宏观失稳破坏，在这一过程中，微裂纹演化过程所伴随的声学现象即为声发射现象，而最终形成的宏观裂纹所对应的声学现象即为微震现象[7]。因此，声发射现象可以视为后续微震现象的前兆信息，微震现象则是若干声发射现象累积所引起的结果。

微震与声发射相关理论研究的主要目的是探究岩石材料破坏过程的相关声学特性规律，为岩石工程的监测预警工作提供参考指导，确保相关工程的安全施工和生产运营。因此，岩石声发射试验是为了探究岩石破裂过程的声学信号特性规律，进而为岩石工程的微震监测预警提供相应指导，而微震监测技术则是对岩石声发射理论研究的工程验证，根据声发射试验所得相关研究结果对岩石工程的稳定性监测应用不断改进与完善，并针对工程应用中存在的局限性与不足为岩石声发射的试验研究提出新的要求，二者在理论研究与工程应用中相互补充并不断发展完善。

1.1.3 岩石破裂特征的声学参数

岩石破裂过程伴随有一系列声学现象，而除了现象本身，其对应的声学信号中蕴含有岩石破裂特征的相关信息[8-10]，深入研究其声学信号对探究岩石破裂机理与裂纹演化规律具有重要的意义。岩石破裂过程所产生的一系列声学信号由传感器拾取获得，经由后续信号处理将每一声学现象的原始电信号转化为数字波形信号，根据波形信号数据抽象出一系列参数，进而探究岩石破裂特征与相应声学参数之间的关系。

对于岩石破裂过程裂纹发展趋势的声学参数表征，目前主要采用计算 b 值的方式进行讨论，b 值参数的提出最早源于地震学的相关研究，B. Gutenberg 和 C. F. Richter 在研究地震活动性时根据地震震级以及频度关系提出了 G-R 关系式，后续学者们将 b 值的概念与应用推广至声发射和微震领域并开展相关研究与应用[11, 12]，G-R 关系式如式（1-1）所示。

$$\lg N = a - bM \tag{1-1}$$

式中：M 表示震级；N 表示震级在 ΔM 范围内的累计声发射事件数；a，b 为常数项，其中 b 值就是声发射能级相对于频次的分布参数。

从 b 值的表达式中不难看出，这一参数并非对单一声学事件的描述，而是对一定时间范围内的统计描述，即对一定时间段内裂纹总体发展趋势的表征。关于 b 值参数的解读，通常认为当 b 值呈现上升趋势时表示岩石破裂以相对较小尺度的裂纹为主导，岩石破裂程度相对较低；b 值呈现下降趋势时则表示岩石破裂以较大尺度的裂纹为主导，此时岩石破裂程度较剧烈；若 b 值相对较稳定，无显著倾向性，则认为裂纹无显著的主导形式，岩石破裂可能处于向大尺度裂纹演化的过渡时期。

除了对岩石破裂过程裂纹尺度的描述，声学参数同样能够为裂纹扩展形式的表征提供参考。在岩石材料破裂过程中，其裂纹的主要扩展形式包括拉伸和剪切两种类型，目前，微震和声发射参数中的 AF 值与 RA 值能够为岩石裂纹扩展形式的判别提供参考[13, 14]，AF 值和 RA 值是通过对大量声学信号与岩石破裂形式之间的关系分析归纳所得，其中，AF 值表示波形信号振铃计数与持续时间的比值，RA 值为波形信号上升时间与幅值的比值。

通常认为，当岩石破裂形式表现为拉伸裂纹时，参数呈现为较高的 AF 值和较低的 RA 值，而破裂形式表现为剪切裂纹时，则表现为较低的 AF 值和较高的 RA 值。由 AF 值和 RA 值的定义以及破裂形式的相应描述可以看出，这两项参数是对每一声学事件的描述，即认为每一声学事件都对应于某一裂纹，而在岩石破裂的过程中，裂纹在岩石内部随机分布且不断演化，因此在判别某一阶段裂纹形式时应讨论 AF 值和 RA 值参数的总体分布情况，而不是仅对单一事件的参数进行讨论。

1.2　矿山工程灾害

随着浅层地表矿产资源的日益枯竭，矿产开采规模逐渐增大且逐步向深部扩展，大量采空区的存在极大地影响了原岩应力分布情况，增加了地下矿山工程静力失稳和动力灾害的潜在风险，对地下矿山工程的生产运营造成了潜在威胁。本节内容将介绍采矿工程受开挖扰动影响而存在的主要常规灾害以及随着矿产开采转向深部后硬岩矿山存在的一系列非常规破坏。

1.2.1　采矿工程常规灾害

在采矿工程的开挖掘进过程中，开采区域受开采扰动的影响，采场环境以及围岩应力分布发生一系列改变，且这类改变随着开采规模的扩大而增加，相应灾害存在的风险也随之而增加[15]，采矿工程中存在的主要常规灾害如下。

（1）冒顶片帮

冒顶片帮现象指的是地下工程开挖过程中，施工区域的顶板与边帮的岩石冒落、塌陷，这一灾害常见于地下矿山工程。由于矿山工程被频繁地开挖扰动，围岩应力分布情况发生变化，冒顶片帮现象时有发生且发生前兆并不显著，具有典型突发与高频特性，因此这一灾害的监测预防工作较难实现，是地下矿山工程中的主要灾害之一。

（2）采空区及地表塌陷

地下矿山采用空场法、留矿法或崩落法作为采矿方法时，开采完成后矿山井下通常会形成大面积的采空区以及崩落区等空区，由于空区的存在，开采区域周边的围岩应力分布发生改变，随着空区的逐渐累积，空区周边岩体的承载能力逐步被削弱，最终导致大面积采空区塌陷灾害的发生，严重威胁着井下工作人员的安全，而灾害严重时甚至会引发地表塌陷，造成严重的损失。因此，在矿山开采的过程中应减少空场法、崩落法的使用，加强对充填法的合理应用，减少矿山灾害事故的发生。

（3）矿震

矿震即为采矿诱发的地震，是指在地下矿山的开采过程中，开挖形成的大面积空区受到局部构造应力以及采挖过程附加应力的影响，周边围岩部分区域形成高应力集中区，在开采扰动等诱发条件的影响下，能量迅速且剧烈释放，进而引发强烈的震动。矿震作为一类诱发地震，其地震波在较浅层地表传播，震源较浅，周期相较天然地震更长。矿震是矿山开采过程面临的主要灾害之一，矿震灾害给矿山的安全生产运营造成了极大的隐患，严重威胁着地下工程人员与设备的安全，因此，与矿震相关的监测预警研究对地下采矿工程的安全开采有着重要意义。

（4）地热危害

随着矿山开采深度的增加，井下工作环境的温度也在不断上升，许多矿山都面临着不同程度的地热造成的危害。由于地热以及地下水作用的影响，井下环境往往处于严重的湿热状况，深部矿山开采的工作环境十分恶劣，对工作人员的身体机能和工程的开展造成了严重影响，因此，需要重视并改善井下人员工作条件。

（5）地下水系及环境污染

在地下矿山的开采过程中常需要对矿床进行疏干排水工作，而随着对地下水的长期抽排，地下水水位逐步降低并形成疏排漏斗，对原有地下水系状态造成破坏。这类破坏影响可能会引起一定程度的地表塌陷，并造成地表蓄水能力下降以及地面干枯问题。此外，由于开采过程井下污水的排放、矸石尾矿等废料的堆积以及选矿污水的排放，矿山周边的地质环境更是受到了严重的污染，包括植被破坏、水土流失等。因此，需要加强对矿山开采过程地下水系的保护以及污染的防控，最终实现矿山的绿色、生态化。

1.2.2 深部硬岩矿山非常规破坏

矿产资源的开发和利用，一方面增加了社会财富，促进了经济发展，另一方面，浅层资源逐渐枯竭，地下矿产开采深度逐年增加，开采强度也在不断提高，例如在南非，地下开采深度已达 5000 米[16]，在印度和加拿大等地，开采深度也达 3000 多米，深部资源开采逐渐处于常态化。"十四五"规划和"二〇三五"远景目标纲要指出，要重点发展深地资源开发等多项科技前沿领域，开启我国深部工程开发的新纪元。在交通、水电、矿山、能源等深部工程领域进行一系列开发建设。深部工程受到地下复杂应力和地质问题带来的微震动消极影响，使得地下工程的施工开挖过程面临的问题更为复杂和严峻[17]。

地下深部工程相较于浅部工程，具有"三高一扰动"的特点，即高地应力、高地温、高渗透压以及强烈的开采扰动，深部岩体的结构构成、基本力学特性以及工程响应也随之表现出明显的特性转换。深部工程岩体的破坏过程伴随有岩爆（冲击地压）[18]、巷道大变形、突水等工程灾害，且相较于浅部工程，其灾害剧烈程度更严重、致灾频率更大以及成灾机理更为复杂，对上述主要的深部工程岩体非常规破坏介绍如下。

（1）岩爆

随着地下工程开挖深度的不断增大，地下深部工程周边围岩的应力分布情况愈加复杂且应力水平不断增加，高强度硬岩岩爆灾害的发生频率和剧烈程度也随之上升。岩爆现象指的是在地下工程深部地带或高构造应力的区域，由于受开挖等外界扰动的影响，岩体结构中聚积的应变能迅速且猛烈地释放[19-22]，岩爆现象发生时，其岩体临空部分发生突发形式的破坏，表现为围岩爆裂、弹射的形式，岩爆灾害伴随的剧烈破坏也对地下工程的施工人员和作业设备的安全造成了极大的威胁[23]。

传统静力学理论认为，岩爆现象通常发生于高强度的脆性岩石中，且岩体局部存在应力水平接近岩体强度的区域是导致岩爆现象产生的潜在原因[24]，例如在地下巷道的横向截面上，由于应力分量和 $(\sigma_1+\sigma_2)$ 的量级较高，因此存在较高的岩爆灾害风险，而岩爆现象的诱发原因则来源于工程开挖卸荷过程，原岩体应力受扰动后重新分布，进而导致了岩爆现象的发生，目前应用较广泛的岩爆现象预测判据，即岩爆风险潜在区域围岩的切应力 σ_θ 与单轴抗压强度 σ_c 的比值 (σ_θ/σ_c) 便是基于这一岩爆现象的发生机理所提出的。

岩爆现象的静力学描述相对合理且简洁，对岩爆发生机理的相关研究具有重要的指导意义，但仅通过静力学理论对岩爆现象这一动态过程进行描述仍存在较大的局限性，需要结合相关动力学理论进行一定的补充解释。结合岩石动力学相关理论，认为岩爆现象的能量释放率以及相应的动力效应是由岩爆发生处的应力释放速率直接决定的，当地应力水平足够高时，若巷道围岩范围的岩体应力释放速度到达一定量级时，则巷道中的脆性岩体临空面即发生岩爆现象[25, 26]。

地下工程中的岩爆灾害突发性强、破坏过程剧烈，灾害发生时，地下工程的支护系统将受到一定的损坏，岩爆灾害严重时更是存在诱发大规模塌陷的风险，对设备及人员安全造成了非常严重的威胁。通常采用岩爆等级形式对岩爆现象的剧烈程度及破坏程度进行描述，包括致灾程度、围岩破坏形式、破坏时声学特征等，目前通常分为无岩爆、弱岩爆、中等岩爆和强岩爆。

（2）板裂破坏

随着地下工程开采深度的增加，围岩应力水平不断升高，在高地应力硬岩环境开采过程中，能够观察到与开挖面基本平行的破坏面，称这种破坏为板裂破坏或剥落破坏。板裂破坏作为深部地下工程硬脆性围岩的普遍规律与现象，对地下隧洞围岩壁造成了一定程度的破坏，对地下工程的稳定支护、安全运营造成了诸多隐患。因此，关于板裂破坏发生机制以及围岩力学行为响应的研究是深部工程非常规破坏研究的重点内容之一。

板裂破坏是硬岩在开挖卸荷条件下受压应力而产生的间接拉张破裂，其形成机制与低围压下岩石轴向劈裂破坏的室内试验类似，而与高围压条件下的剪切破坏不同。然而，无论是经典的摩尔-库仑准则，还是基于工程经验的霍克-布朗准则都是以基于剪切破坏为前提的强度准则，因此难以对岩体的板裂破坏现象给出合理的解释。

目前，关于板裂破坏的研究方式主要为针对现场案例统计分析并结合板裂现象的数值模拟试验，从岩石内部裂纹结构的微观层面解释该现象的产生。对于板裂与岩爆之间的关系，通常认为板裂破坏发生在应变型岩爆破坏之前，板裂破坏产生的近似平行的岩板，为岩爆能量的突然释放提供了条件，即板裂破坏现象可以作为岩爆发生的前兆信息之一，因此，关于板裂与岩爆之间的关系也是板裂破坏研究的热点问题之一。

（3）软岩大变形

地下深部工程由于受到高地应力与工程扰动的影响，工程周边围岩的应力分布状态相较于浅部有着显著差异，其中深部岩体部分呈现为软岩特征，当进入塑性变形阶段时，围岩区域易出现大变形以及强流变现象，此时，围岩范围内的变形主导形式除地质结构面的扩张、滑移行为外，由岩体裂纹逐渐扩展、贯通造成的变形占比也随之增加，因此，地下工程周边围岩的软岩区域大变形是一个持续渐进的过程。

软岩大变形问题长期以来作为地下工程面临的难题之一，对地下工程的安全建设与运营有着直接影响，且随着开挖深度的增加，由于高应力、高地温、高渗压以及高湿度作用的影响，围岩应力重分布情况更为复杂，软岩大变形灾害造成的影响也愈发严重。软岩大变形灾害具有破坏形式复杂、变形尺度大、变形速率高、持续时间长以及破坏范围广的特点，其典型破坏方式包括顶板下沉坍塌、片帮、底鼓等，其变形破坏的表现形式除了受构造结构因素的控制，同时也受应力作用的控制。

由于软岩大变形灾害的存在，地下工程的支护系统的维护性能受到了极大的影响，坑道硐室的稳定性支护难度也随之增加，支护系统通常需要经历多次维护才能满足地下工程安全施工运营的需求。因此，针对地下工程大变形所面临的诸多问题,需要对支护系统的支护硬件设备以及支护系统布置形式进行相关研究应用工作,同时需要完善大变形潜在区域的监测预报工作,针对地下灾害伴随的前兆特征不断完善监测预警系统。

(4)突水灾害

深部工程施工区域的周边围岩内部有着构造复杂的节理裂隙和充填结构面,在开挖施工的过程中,受工程扰动以及地下水共同作用的影响,地下工程过水通道可能发生突水灾害。

根据隔水结构的破坏形式,突水灾害的类型可以分为隔水岩体破裂突水灾害和充填结构失稳破坏突水灾害。对于裂隙结构显著的岩体区域,其突水形式一般表现为岩体高压水劈裂型,其突水区域的演化机制为在高压裂隙水作用的影响下,岩体内部裂隙逐步扩展、贯通,最终形成宏观破裂诱发突水灾害的过程。而对于具有强渗透性的充填性岩体构造结构时,当受到工程施工及地下水作用扰动时,其充填结构部分则更易形成突水灾害的优势通道,在工程扰动与高渗透压作用的共同影响下,岩体内部构造充填介质逐渐潜蚀、流失,最终造成充填部分结构失稳,且随着这一失稳的累积,岩体内部的充填结构将被冲垮并形成突水通道,这一形式的突水通道通常出现在渗透性较好的夹层充填结构、裂缝充填结构以及充填性断层等部位。

地下深部工程伴随有高地应力、高地温以及高渗透压的特点,在工程开挖扰动的影响下,突水灾害往往表现为高水压、大流量的形式,同时具有突发性强、破坏程度剧烈的特点。突水灾害给地下工程的安全施工造成了极大的隐患,因此,突水灾害的预防控制工作具有重要意义。其主要的监测预警工作在于对地下工程周边围岩区域裂隙萌生、扩展贯通以及潜在突水通道渗透压的动态监测分析,进而实现对地下深部突水灾害的预防控制。

1.3　微震监测

在采矿及地下岩土工程生产实践中,高应力水平下的岩石在破裂的同时会伴随着地震波的释放和传播,同时伴随着含有大量围岩受力破坏及地质缺陷活化过程有用信息的微震事件发生,本节内容将对微震现象、微震技术相关研究现状和微震监测系统及应用进行介绍说明。

1.3.1　微震现象

早在一百多年前,学者们便开始了对微地震的研究,1910 年 Benndor 对微地震活动进行了最早的定义"除了真实地震和当地自然产生的扰动,街道交通等一些活动也会使地震仪接收到一种被称为脉动波、微地震扰动或者钟摆扰动的很小的波动"[27]。这种表述主要是从宏观或者表象角度来定义的，从微观或者发生机理角度来说，微震现象指的是，岩体等材料在受外界扰动作用的影响下（如温度或载荷发生变化），其内部区域以弹性波形式迅速释放能量的过程，微震主要来源于材料中裂纹、岩层中界面的破裂。微震现象在广义上可以划分为天然产生的微地震（microearthquake）以及在工程应用过程中产生的微震（microseism）。

伴随微震事件的微震信号中蕴含有大量岩体损伤破坏过程的相关信息，对微震信号的相关分析研究工作能够为岩体工程的稳定性评价及监测预警工作提供一定的参考和指导。

在对微震的表述方式方面，与描述地震相同，工程开挖导致应力调整而诱发的微震也可以用震级来表示，即用接收到的地震信号振幅或能量的对数描述。

微震现象是美国矿业局在 20 世纪 30 年代末期研究矿山井下岩爆问题时最早发现的。随后他们大量的研究验证了这种岩石对外发射声波的现象，并称之为"rock talk"[28, 29]。1953 年，德国的 Kaiser 教授在研究金属特性时发现只有当材料所受荷载接近或达到了之前所受的最大荷载时，才会有明显的声发射现象产生。为了纪念他，这类现象被命名为 Kaiser 现象或 Kaiser 效应[30]。

相较于天然产生的微震现象，岩石工程开挖过程中伴随的微震事件对工程应用更具指导价值。其中，称地下矿井施工过程诱发的微震现象为矿震（mine earthquake），是指在地下矿井开挖时形成的大面积空洞受局部构造应力、采挖附加应力和大地应力场变化的影响，在局部形成高应力集中区，在一定的诱发条件下，能量急剧而猛烈地释放出来，引起强烈的地面晃动和摇动。矿震的周期相较天然地震更长，这与矿震所激发的地震波在较浅的地层传播有关。矿震是矿山主要安全和环境问题之一，也是导致地面沉陷的重要原因。矿震震源浅，面波丰富，属于诱发地震[31, 32]。由于在矿震中采掘空间距离震源比较近，矿震烈度远大于同级天然地震烈度，所以危害更为严重，如顶板滑移失稳、断裂，地表塌陷，冲击地压等均属于矿震的范畴。

岩爆属于破坏性矿震，它与矿震的关系为：每一次岩爆的发生都伴随着较大强度的矿震，但并非每一次矿震都能引发岩爆。在具体生产中，只需要控制预防岩爆，但一般无法避免也没有必要控制微震的产生。由此可见，岩爆的发生伴随着众多小能量级别的矿震活动，通常称这些矿震活动为"微震事件"（microseismic activities）[33, 34]。

1.3.2 微震技术研究现状

最早有记载的矿山微震现象发生在 1640 年的德国，Dresden 的 Altenberg tin mine 发生了一次较为严重的矿震，矿山坍塌十分严重，直至 1860 年才恢复开采[26, 35]。1738 年，英国的南史塔福煤田的莱比锡煤矿也发生了煤矿的震动事件。随后，捷克、俄国、南非、波兰、印度、美国和加拿大等国都相继有了煤矿震动事件的记载[35-38]。1880—1894 年间，捷克的 Kladno black mine 记录了 237 次矿震事件[39]。1910—1978 年间，德国的鲁尔矿区发生了 283 次岩爆。在北美，最早的矿震事件被认为是 1904 年发生在 Atlantic copper mine（密歇根）的矿震，之后是 1928 年发生在加拿大的矿震[40]。1908 年南非 Witwatersrand 金矿和印度 Kolar Gold Field 发生矿震事故后，人们发现，这一系列直觉上类似自然地震的现象并非天然地震，而是和岩体破坏与采矿过程中的人工开挖密切相关[41]。

针对微震监测系统的系统性研究在 20 世纪中期全面展开。1903 年，捷克的采矿名都 Pribram 为一座矿山安装了世界上第一台力学地震仪，用来监测矿山的震动情况[35]。现在，捷克已经拥有 1 个由 3 个地面站和 29 个地下监测站组成的国家微震监测网络，监测范围覆盖了捷克全国领域内的 6 个矿井。监测网络的内部系统及中央系统之间采用的是无线电的传输方式，子系统具有中央集成功能和一体化水平[42]。

由于波兰"面临着比其他任何一个国家都严峻的开采风险"[43]，所以波兰成为较早开始研究微震监测系统的国家之一。1929 年，一个小型地震台站在波兰 Upper-Silesian 盆地建成，用于观察矿震。之后在 1950 年进一步扩建到 4 个站。现在，波兰微震监测系统也已经实现了传感器接入网络，不用通过人工筛选数据输入计算机，在信号传输上也有了较大的突破，为今后微震监测系统实现整体化奠定了理论基础。

20 世纪 30 年代，在加拿大安大略省的 Kirkland Lake 发生的一次较为严重的岩爆被 450 km 外渥太华的地震监测站监测到[44]，这一发现促使该地区在 1938 年建立了第一个监测岩爆的地球物理监测站，用以监测岩爆发生时岩体内动力波的传播特征。在此基础上，逐渐形成了目前在深埋工程实践中广泛使用的微震监测系统。

从 1970 年始，美国就试图将微震监测应用到安全生产当中。他们在监测区域内设置传感器，并将信号用多通道的磁带记录下来。接着采用人工方式对信号进行筛选，将筛选后的信号输入计算机进行分析处理。虽然验证的结果表明该算法能够实现微震定位的功能，但是整个过程要花费数天时间，不能满足实际安全生产的需要，但是总体来说这迈出了微震监测的第一步，也为后来美国在该领域的发展奠定了坚实的基础[45]。

南非也是较早就参与微震监测系统研制的国家之一，其系统的先进性和整个矿业安全生产的水平都处于世界领先地位。在南非，国家对微震监测系统的建设十分重视，监测范围包括了所有矿山和区域矿山子系统，并且子系统间相互联网，可以实时地交互数据，整个系统的信息化和自动化水平较高。由于矿物种类等原因，南非微震监测系统的研究与应用主要集中在金属矿矿震方面，对于煤矿及非金属矿的预防和控制研究较少[46]。

与这些国家相比，我国在 20 世纪 80—90 年代才开始研究矿山微震监测系统，最初研制的以耳机为媒介的监听式地音仪和半智能的多通道微震监测系统[47]都因为系统的数据处理能力以及运算速度有待提高，自动化程度低或操作太复杂等原因而无法推广使用。之后，我国先后与波兰、澳大利亚、南非、加拿大等国家合作，研发和安装了高精度的微震监测系统，开展了相关研究工作，并取得了较好的结果[48-51]。现在，四川锦屏一级水电站和贵州开磷等地都先后安装了加拿大和澳大利亚的微震监测系统，取得了较好的安全预警作用。

除此以外，在印度、英国等采矿业发达的国家，微震监测系统已被成熟应用，信息化的安全管理也基本能实现。微震监测系统在矿山地质灾害预测方面取得了良好的应用效果，为微震监测领域的发展提供了良好的借鉴[52]。

随着微地震研究的深化和技术的成熟，微震监测技术现在已经广泛地应用于矿山安全、岩土工程、水利水电等诸多领域和行业。而微震监测的关键和难点环节是震源定位，准确定位微震源是分析岩体内部破裂区域和性态变化的基本前提，也是微震技术最显著的特点。选择高效定位算法，排除算法涉及的误差影响是准确定位的关键。

1.3.3 微震监测系统及应用

微震事件的信号中蕴含了大量岩体损伤破裂的相关信息，微震监测(microseismic monitoring 或 microearthquake monitoring) 技术是指通过在某些区域布置检波器排列来接收微地震产生的地震波信号，来反演求取岩石破裂的具体位置、破裂时刻、破裂方式以及破裂释放的能量等参数，分析研究微震信号，评价岩土工程稳定性，进而对工程作业进行监测、评价和指导，从而预报和控制灾害的一项地球物理技术[53, 54]。

在矿山微地震监测的实践中，高效的微地震监测的实现所涉及的因素十分复杂[55, 56]，从监测系统的精准度，到对系统所监测到的数据的处理过程和定位过程，乃至矿山的管理效率等因素都不同程度地影响着矿山微震监测的有效性，其所涵盖的内容如图 1-2 所示，本节将重点针对微震监测系统的相关概念以及微震技术在地下工程中的应用展开介绍说明[57, 58]。

(1) 微震监测系统

微震监测技术的基本原理是通过传感器采集岩体破裂破坏过程所发射出的地震波信号，并对地震波信号进行处理分析，对处理后的信号数据通过反演方法来得到岩体微破裂发生的时刻、位置和性质，即地球物理学中所谓的"时空强"三要素。根据震源信号处理结果获取岩体裂纹的相关信息后，根据微破裂的大小、集

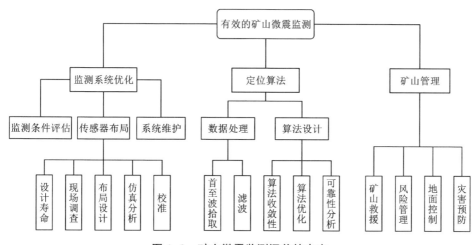

图 1-2　矿山微震监测涵盖的内容

中程度、破裂密度以及围岩的应力分布状态进行分析，进而推断岩石宏观破裂的发展趋势，结合地下工程实际情况，为施工过程的开挖范围、开采顺序等提供相关指导。

地下工程微震监测系统的主要构成部件包括传感器、数据采集站、传输光缆、GPS 授时同步模块、报警系统、地面数据综合处理主机、无线传输模块、事件数据定位与统计分析软件等，相较于传统的应力监测、位移监测等监测手段，微震监测具有全范围立体监测以及实时连续监测的优势，能够在各类复杂且恶劣的地下工程环境中对岩体的裂纹扩展实现动态监测，目前广泛应用于诸多地下工程领域。

微震监测技术作为地下工程领域行之有效的监测手段，对地下工程的安全生产施工有着重要意义，为此学者们针对微震监测技术开展了一系列研究工作。其中震源定位技术是微震监测技术中最重要的内容之一，微震领域中的定位方法大多是基于震源与传感器之间的时空关系所构建，且通常选用 P 波信号用于提取定位数据，其中涉及 P 波到时的拾取、定位算法的优化以及定位精度的影响因素等相关研究方向的内容，在后续部分中将做更为详细的介绍说明。

（2）微震监测技术在地下工程中的应用

微震监测技术在地下工程领域的相关研究应用最早的是矿业领域，随着浅层资源开发逐渐枯竭，地下矿产开采深度逐年增加，开采强度也在不断提高。在南非，地下开采深度已达 5000 米，在印度和加拿大等地，开采深度也达 3000 多米，世界上很多矿山都受到地下复杂应力和地质问题带来的微震动的消极影响，使得地下开采所面临的问题比过去更为复杂和严峻[1-3]。随着矿山开采过程所面临困难的增加,对开采区域的监测技术提出了更高的要求,微震监测技术也随之不断发展完善,在采矿行业中得到了一系列的应用。

1)矿震、岩爆监测

在地下深部矿山开采工程中,随着开采深度的不断增加,采空区规模不断扩大,开采区域周边伴随有一定规模的诱发微震,矿震现象频繁发生,而微震监测技术则能够对各类矿震现象实现较好的监测,为评估矿震的规模及破坏程度提供必要的参考依据。

此外,微震监测技术同样广泛应用于深部开采过程,包括监测岩爆在内的各类动力学灾害,这也是微震技术应用较广泛的用途之一。随着开采深度的增加以及开采规模的扩大,围岩应力的分布情况愈加复杂,岩爆现象时有发生,且难以有效预警,而微震监测系统能够对岩爆的发生区域以及剧烈程度等进行有效的实时监测,能够在保障安全性的同时,为深部工程的进程安排提供相关指导。

2)岩层位移监测

对于深部矿山的开采区域,采场上覆岩层的稳定性一直都是矿山安全方面关注的重点内容,监测分析上覆岩层位移规律及其对地表的相关影响对安全开采施工具有重要意义。传统的监测分析手段包括位移计水平仪测量、钻孔分析、数值模拟等手段,各类方法均有一定不足,且大多无法实现实时动态跟踪监测,误差相对较大。微震监测技术相较于传统监测手段具有监测范围广、监测数据连续且监测结果实时分析的优势,因此,国内外许多矿山在岩层位移监测的过程中选择将传统手段与微震监测技术相结合的监测方式来提高位移监测结果可靠性。

3)围岩应力重分布及高应力区域监测

在地下矿山开采的过程中,随着开挖深度与开采区域的增加,周边围岩受到各类因素的扰动,围岩应力重分布,形成了高应力区域,且随着开采的进行,围岩应力的分布情况愈加复杂,这使得地下施工过程面临的问题更为复杂,因此,开采区域的应力监测对工程的安全开展至关重要。然而,传统的应力监测手段大多是针对潜在风险区域进行点、线监测,并以此分析采场整体的应力分布情况。传统监测手段在范围较小、开采较浅的区域效果相对较好,但对于较大开采区域的监测却存在一系列的困难,包括监测工程的施工、监测设备的布置等均存在各种不便,且由于深部工程环境恶劣,监测设备的相关维护工作难以开展,相关数据更是无法实现连续监测。

微震监测技术相较于传统应力监测手段能够有效克服上述弊端。在高地应力作用的影响下,岩体内部逐步产生微裂纹,而微震监测技术能够对岩体内部产生的微裂纹进行精确定位,进而判断高地应力潜在区域。随着开采的进行,周边围岩的应力分布情况不断改变,微震监测技术能够对高地应力区域实现实时、连续、可靠且直观的监测,为评估地下工程施工范围及开挖范围等提供相关指导。

4）安全监测预警

震源定位技术是微震监测技术中的核心内容之一，近年来，随着震源定位算法的研究发展以及微震监测设备的不断更新升级，震源定位的准确性及可靠性显著提升，这也为构建基于微震技术的监测预警系统提供了更多可能[59]。

对于地下矿山开采过程中发生的塌方、岩爆等灾害，微震监测技术能够在短时间内对灾害发生区域实现高精度定位，为灾害发生后的相关救援工作提供明确的目标，减少救援工作的盲目性，增加救援工作效率，为地下被困人员争取宝贵的时间。

此外，各种地下工程灾害发生前往往伴随有尺度更小的微裂纹生成及扩展，这些微裂纹的扩展程度作为地下工程灾害的重要前兆信息，对地下工程灾害预警具有重要的参考价值。结合微震、声发射技术对开采范围内的潜在风险区域进行精度更高的微裂纹监测分析研究，并探究微裂纹扩展与岩体失稳破坏的直接关系，矿山行业在未来是完全有可能建成成熟的矿山微震监测预警系统的。

近年来，随着微震监测技术的不断发展与推广，微震监测技术除了在地下矿山开采过程中得到应用外，在石油工程、水电工程、铁路交通、能源储备等诸多领域同样有着广泛的应用。对微震监测技术在矿山监测以外领域的应用介绍如下。

（1）隧道围岩稳定性监测

在隧道工程的施工过程中，对于高地应力或埋深较大的区域，工程开挖过程往往伴随有冒顶、塌方等岩石工程静力失稳以及剧烈的岩爆等动力学灾害，这类灾害对隧道工程中的施工作业人员以及设备的安全造成了极大的安全威胁，对隧道工程的正常施工造成了极大的影响。在隧道工程的施工过程中，微震监测技术能够对岩爆、冒落等灾害实现有效的动态监测，进而确保施工过程的安全性。

除了应用于隧道工程的施工过程，微震监测技术还应用于地下隧道建成后的工作过程，由于隧道周边工程地质环境的改变、支护部件的损耗等，隧道周边的围岩应力情况发生了一定的改变，随着周边结构损伤破裂程度的累积，隧道失稳风险逐步增加，甚至诱发致灾破裂。因此，地下隧道在工作期间仍需要应用微震监测技术对潜在风险区域进行监测，判断工程岩体的损伤程度及裂纹扩展前兆，对风险区域及时采取支护防范措施，确保地下隧道的安全工作运营。

（2）石油工程中的监测应用

在石油工程的生产过程中，微震监测技术同样有着重要的应用价值。石油的开采区域分布在几百至上千米的深部地层，对于油田的抽采区域，为了提高石油的采出率，通常需要对抽采区域进行破岩，水压致裂是目前应用较广泛的方式之一。微震监测技术在这类深部井下注水工程中有着较好的应用，通过对微震信号的识别分析，能够有效地判断破裂区域岩体的裂纹方位、扩展程度及方向，监测所得的这些信息为致裂区域的选取、注水参数的设定提供有效的参考和指导，对提高石油的采出率及增加石油工程的经济效益有着重要意义。

（3）边坡稳定监测预警

水电工程的选址通常位于深山峡谷区域，在水电工程的建设过程中，水电大坝的两侧通常为人工开挖的边坡结构，这些边坡高度分布在几十至数百米范围内，例如锦屏水电站边坡的开挖高度超过 540 米，二滩水电站的边坡开挖高度超过了 780 米，这类边坡作为永久性工程，对其稳定性进行监测对维护周边区域的环境生态、经济发展有着重要影响。相较于应力监测、位移监测等传统监测手段，微震监测技术能够有效地对工程边坡实现全覆盖、全天候的实时监测，能够对潜在风险区域实现实时、动态监测。基于微震监测技术构建的监测预警系统在工程边坡中有着较广泛的应用，为工程边坡稳定性分析以及滑坡灾害预警提供重要的指导。

参考文献

［1］古德生，李夕兵. 现代金属矿床开采科学技术［M］. 北京：冶金工业出版社，2006.

［2］GIBOWICZ S J. Chapter 1-Seismicity Induced by Mining：Recent Research［J］. Advances in Geophysics, 2009, 51(51)：1-53.

［3］LI T, CAI M F, CAI M. A review of mining-induced seismicity in China［J］. International Journal of Rock Mechanics and Mining Sciences, 2007, 44(8)：1149-1171.

［4］古德生. 地下金属矿采矿科学技术的发展趋势［J］. 黄金，2004，25(1)：18-22.

［5］李庶林. 试论微震监测技术在地下工程中的应用［J］. 地下空间与工程学报，2009，5(1)：122-128.

［6］李庶林，尹贤刚，王泳嘉，等. 单轴受压岩石破坏全过程声发射特征研究［J］. 岩石力学与工程学报，2004(15)：2499-2503.

［7］赵博雄，王忠仁，刘瑞，等. 国内外微地震监测技术综述［J］. 地球物理学进展［J］，2014，29(4)：1882-1888.

［8］李夕兵，刘志祥. 岩体声发射混沌与智能辨识研究［J］. 岩石力学与工程学报，2005，24(8)：1296-1300.

［9］DAS A K, SUTHAR D, LEUNG C K Y. Machine learning based crack mode classification from unlabeled acoustic emission waveform features［J］. Cement and Concrete Research, 2019, 121：42-57.

［10］董陇军，张义涵，孙道元，等. 花岗岩破裂的声发射阶段特征及裂纹不稳定扩展状态识别［J］. 岩石力学与工程学报，2022，41(1)：120-131.

［11］李元辉，刘建坡，赵兴东，等. 岩石破裂过程中的声发射 b 值及分形特征研究［J］. 岩土力学，2009，30(9)：2559-2563.

［12］刘希灵，潘梦成，李夕兵，等. 动静加载条件下花岗岩声发射 b 值特征的研究［J］. 岩石力

学与工程学报，2017，36（S1）：3148-3155.

［13］吴顺川，甘一雄，任义，等.基于RA与AF值的声发射指标在隧道监测中的可行性［J］.
工程科学学报，2020，42（6）：723-730.

［14］GAN Y X，WU X C，REN Y，et al. Evaluation indexes of granite splitting failure based on RA
and AF of AE parameters［J］. ROCK AND SOIL MECHANICS，2020，41（7）：2324-2332.

［15］李利平，贾超，孙子正，等.深部重大工程灾害监测与防控技术研究现状及发展趋势［J］.
中南大学学报（自然科学版），2021，52（8）：2539-2556.

［16］ATSUSHI SAINOKI，HANI S. M. Dynamic behavior of mining-induced fault slip［J］.
International Journal of Rock Mechanics & Mining Sciences，2014，66：19-29.

［17］谢和平."深部岩体力学与开采理论"研究构想与预期成果展望［J］.工程科学与技术，
2017，49（2）：1-16.

［18］宫凤强.建议区分"岩爆"和"煤爆"［EB/OL］.北京：中国岩土网，2013-01-10［2016-
09-26］. http：//www. yantuchina. com/people/detail/46/3864. html.

［19］JAEGER J C，COOK N C W，Zimmerman R. Fundamentals of rock mechanics［M］. John
Wiley & Sons，2009.

［20］RUSSENES B F. Analyses of rockburst in tunnels in valley sides［J］. Trondheim，Norwegian
Institute of Technology Google Scholar，1974.

［21］罗先启，舒茂修.岩爆的动力断裂判据—D判据［J］.中国地质灾害与防治学报［J］.
1996，7（2）：1-5.

［22］李夕兵，姚金蕊，杜坤.高地应力硬岩矿山诱导致裂非爆连续开采初探—以开阳磷矿为
例［J］.岩石力学与工程学报，2013，32（6）：1101-1111.

［23］李玉生.矿山冲击名词探讨—兼评"冲击地压"［J］.煤炭学报，1982，2：89-95.

［24］WANG SHAOFENG，HUANG LINQI，LI XIBING.（2019）. Analysis of rockburst triggered by
hard rock fragmentation using a conical pick under high uniaxial stress. Tunnelling and
Underground Space Technology，DOI：10. 1016/j. tust. 2019. 103195.（IF：3. 942，JCR一区）

［25］何满潮，苗金丽，李德建，等.深部花岗岩试样岩爆过程实验研究［J］.岩石力学与工程
学报，2007，26（5）：865-876.

［26］何满潮.工程地质力学的挑战与未来［J］.工程地质学报，2014，22（4）：543-556.

［27］BENNDORF H. Microseismic movements［J］. Bulletin of the Seismological Society of America，
1911，1（3）：122-124.

［28］OBERT L，DUVALL W. Use of subaudible noises for the prediction of rock bursts［J］. Technical
Report Archive & Image Library，1942，3654.

［29］OBERT L. The microseismic method：discovery and early history［C］//First conf. on acoustic
emission/microseismic activity in geologic structures and materials. 1977：11-12.

［30］KAISER E J. A study of acoustic phenomena in tensile test［J］. Technical University of Munich，
1950.

［31］《中国大百科全书》总编委会.中国大百科全书（第二版）［M］.北京：《中国大百科全书》
出版社，2009.

[32] TAO M, LI X B, WU C Q. 3D numerical model for dynamic loading-induced multiple fracture zones around underground cavity faces. Computers and Geotechnics. 2013, 54: 33-45.

[33] 何满潮, 谢和平, 彭苏萍, 等. 深部开采岩体力学研究. 岩石力学与工程学报, 2005, 24(16): 2803-2813.

[34] 蔡美峰, 冀东, 郭奇峰. 基于地应力现场实测与开采扰动能量积聚理论的岩爆预测研究[J]. 岩石力学与工程学报, 2013, 32(10): 1973-1980.

[35] ORTLEPP W D. RaSiM comes of age-A review of the contribution to the understanding and control of mine rockbursts[C].//Proceedings of the Sixth International Symposium on Rockburst and Seismicity in Mines, Perth, 2005: 9-11.

[36] JENNIFER P D, Balasubramaniam V R, Goverdhan K, et al. Overview of seismic monitoring and assessment of seismic hazard based on a decade of seismic events[J]. Recent Advances in Rock Engineering, 2016(1): 1-10.

[37] 唐礼忠, 潘长良, 谢学斌. 深埋硬岩矿床岩爆控制研究[J]. 岩石力学与工程学报, 2003, 22(7): 1067-1071.

[38] 唐春安, 费鸿禄, 徐小荷. 巷道表面岩爆的围压效应[C]//第二届全国青年岩石力学与工程学术研讨会, 1993.

[39] RUDAJEV V. Recent Polish and Czechoslovakian rockburst research and the application of stochastic methods in mine seismology. // Proceedings RaSiM3, Kingston, Canada, 1993: 157-161.

[40] BOLSTAD D D. Rockburst control research by the U. S. Bureau of Mines // Proc 2rd Int Symp on Rockbursts 1990: 371-375.

[41] 徐奴文, 唐春安, 周济芳, 等. 锦屏二级水电站施工排水洞岩爆数值模拟[J]. 山东大学学报(工学版), 2009, 39(4): 134-139.

[42] 窦林名. 多功能一体化微震系统[J]. 煤矿设计, 1999(6): 44-46.

[43] GIBOWICZ S J. The mechanism of seismic events induced by mining-A review. // Proc 2nd International Symposium of Rockbursts and Seismicity in Mines, 1989: 3-27.

[44] POTVIN Y, HUDYMA M R. Seismic monitoring in highly mechanized hardrock mines in Canada and Australia. // International Symposium on Rockburst & Seismicity in Mines, 2001: 267-280.

[45] 陶慧畅. 地下矿山实时在线安全监测系统研究[D]. 武汉: 武汉科技大学, 2013.

[46] 朱超. 微震实时在线监测系统的研究与实现[D]. 武汉: 武汉科技大学, 2012.

[47] 陈平. 大冶尖窑铁矿的采场数值模拟及采空区塌陷预测[D]. 武汉: 武汉科技大学, 2011.

[48] 展建设, 曾克, 曹修定, 等. 以微震特征监测地质灾害的实验研究[J]. 勘察科学技术, 2002, 1: 61-64.

[49] 于克君, 骆循, 张兴民. 煤层顶板"两带"高度的微地震监测技术[J]. 煤田地质与勘探, 2007.

[50] 杨志国, 于润沧, 郭然. 基于微震监测技术的矿山高应力区采动研究[J]. 岩石力学与工程学报, 2009, 28(2): 3632-3638.

［51］ 董陇军, 孙道元, 李夕兵, 等. 微震与爆破事件统计识别方法及工程应用［J］. 岩石力学与工程学报, 2016, 35(7): 1423-1433.

［52］ SWANSON, P. L. Development of an automated PC-network-based seismic monitoring system ［R］. USA: National Institute for Occupational Safety and Health Spokane Research Laboratory, 2001.

［53］ HARDY H R. Acoustic emission/microseismic activity: volume 1: principles, techniques and geotechnical applications［M］. CRC Press, 2005.

［54］ 陈颙. 声发射技术在岩石力学研究中的应用［J］. 地球物理学报, 1977, 20(4): 312-322.

［55］ 冯夏庭, 朱维申. 智能岩石力学在地下工程中的应用［C］//第一届海峡两岸隧道与地下工程学术与技术研讨会论文集(上册), 1999: 12.

［56］ GE M. Efficient mine microseismic monitoring［J］. International Journal of Coal Geology, 2005, 64(1): 44-56.

［57］ 柳云龙, 田有, 冯晅, 等. 微震技术与应用研究综述［J］. 地球物理学进展, 2013, 28(4): 1801-1808.

［58］ LIU J P, SI Y T, WEI D C, et al. Developments and prospects of microseismic monitoring technology in underground metal mines in China［J］. Journal of Central South University, 2021, 28(10): 3074-3098.

［59］ 董陇军. 矿山微震震源的高精度定位与实时辨识方法及应用［D］. 长沙: 中南大学, 2013.

第 2 章　微震定位基本原理

微震监测技术作为一种行之有效的无损被动监测手段,不受监测周期的限制,能够对监测区域实现连续且实时的监测,目前广泛应用于诸多矿山工程中。微震技术的主要研究内容包括信号分析、参数统计等理论研究以及震源定位、震源层析成像等应用研究。其中,震源定位是微震技术在矿山工程中最广泛的应用之一,震源定位技术能够确定矿山失稳破坏区域所在位置,结合震源相关数据以及采区结构为矿山安全稳定分析提供参考,进而保障采区作业人员及设备的安全和开采的正常进行。

本章将对微震技术的震源定位的相关方法原理以及求解算法进行介绍,并针对影响定位精度的主要因素(走时与到时、传感器布局、波速模型和定位算法)展开讨论。

2.1　微震定位方法

震源定位作为微震技术核心部分之一,在微震监测预警工作中有着广泛的应用,震源定位的方法、准确性以及提高定位精度的研究工作一直是微震监测技术研究的重点内容。本节对震源定位的基本原理进行说明,并介绍震源定位方法最常用的到时法和到时差法[1]。

2.1.1　定位基本原理

震源定位的基本原理是通过分析震源与传感器之间的时空相对关系来实现的。在实际微震监测定位的过程中,多数震源距传感器较近,微震监测检测到的大部分 S 波信号并不明显,且 P 波波速较快,S 波传播过程中易受 P 波随后尾波的干扰,因此通常选用 P 波信号用于震源定位。

为便于介绍震源定位的过程,首先对震源定位问题进行适当的简化,假设定位问题位于二维平面内,同时,微震事件的发生时间 t_0 以及 P 波波速 v 已知。设震源位置坐标为 (x_0, y_0),微震事件的发生时刻 $t_0 = 0$,第 i 个传感器的坐标为 (x_i, y_i),其接受到震源信号时间为 $t_i(i = 1, 2, \cdots, n)$。

当采用 1 个传感器时,传感器与震源之间的时空关系表达式如公式(2-1)所示,图 2-1 为对应的二维定位原理示意图。

$$\sqrt{(x_0 - x_1)^2 + (y_0 - y_1)^2} = t_1 \cdot v \qquad (2-1)$$

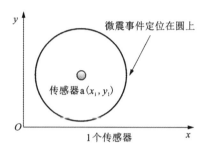

图 2-1　震源二维定位示意图(1 个传感器)

此时震源坐标定位在以该传感器为圆心的圆上,无法准确定位,为实现对震源坐标的准确定位,需增加传感器数量,当采用 2 个传感器时,传感器与震源坐标之间的时空关系如公式(2-2)所示,图 2-2 为对应的二维定位原理示意图。

$$\begin{cases} \sqrt{(x_0 - x_1)^2 + (y_0 - y_1)^2} = t_1 \cdot v \\ \sqrt{(x_0 - x_2)^2 + (y_0 - y_2)^2} = t_2 \cdot v \end{cases} \qquad (2-2)$$

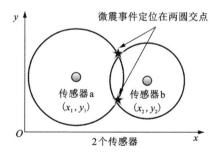

图 2-2　震源二维定位示意图(2 个传感器)

此时震源坐标定位在以 2 个传感器为圆心构造的两圆交点上,通常情况下公式(2-2)的解不唯一,因此,对于二维平面内的震源定位问题,需要进一步增加传感器。当传感器数量为 3 个时,传感器与震源坐标之间的时空相对关系如公式

(2-3)所示:

$$\begin{cases} \sqrt{(x_0 - x_1)^2 + (y_0 - y_1)^2} = t_1 \cdot v \\ \sqrt{(x_0 - x_2)^2 + (y_0 - y_2)^2} = t_2 \cdot v \\ \sqrt{(x_0 - x_3)^2 + (y_0 - y_3)^2} = t_3 \cdot v \end{cases} \tag{2-3}$$

相应的二维定位示意图如图2-3所示。

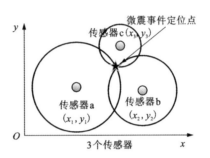

图 2-3　震源二维定位示意图(3 个传感器)

　　上述过程为探究震源与传感器之间时空关系的基本思路,然而,在实际的震源定位中,监测区域内岩体的 P 波波速 v 能够通过波速仪测量获得参考值,而微震事件的发生时间却无法直接获取。因此,为实现对震源坐标的定位,维持上述基本假设部分不变,将微震事件的发生时间 t_0 作为变量代入震源-传感器关系式(2-3)中,得到关系式(2-4):

$$\begin{cases} \sqrt{(x_0 - x_1)^2 + (y_0 - y_1)^2} = (t_1 - t_0) \cdot v \\ \sqrt{(x_0 - x_2)^2 + (y_0 - y_2)^2} = (t_2 - t_0) \cdot v \\ \sqrt{(x_0 - x_3)^2 + (y_0 - y_3)^2} = (t_3 - t_0) \cdot v \end{cases} \tag{2-4}$$

　　上述公式(2-4)即为震源与传感器时空关系的二维表达式,通过对公式(2-4)的求解计算即可实现对震源的二维定位。震源的三维定位过程与之类似,在公式(2-4)的基础上进行合理的推广即可得到关系式(2-5):

$$\begin{cases} \sqrt{(x_0 - x_1)^2 + (y_0 - y_1)^2 + (z_0 - z_1)^2} = (t_1 - t_0) \cdot v \\ \sqrt{(x_0 - x_2)^2 + (y_0 - y_2)^2 + (z_0 - z_2)^2} = (t_2 - t_0) \cdot v \\ \cdots \\ \sqrt{(x_0 - x_n)^2 + (y_0 - y_n)^2 + (z_0 - z_n)^2} = (t_n - t_0) \cdot v \end{cases} \tag{2-5}$$

式中:下标 n 为传感器的数量,震源三维定位的示意图如图2-4所示。

　　公式(2-5)即为震源与传感器的三维时空关系表达式,其中位置变量包含有

(x_0, y_0, z_0, t_0) 共 4 个，因此，为计算得到震源的坐标 (x_0, y_0, z_0) 以及发生时刻 t_0，公式 (2-5) 中应满足 $n \geqslant 4$，即震源三维定位的过程中，传感器的数量应不少于 4 个。

上述过程即为震源定位方法的基本原理，然而，在实际的震源定位应用中，受限于传感器本身的采集精度以及监测区域岩性的复杂性，通过上述公式对震源做精确计算往往是难以实现的。结合实际工程应用的需要，为减少计算的复杂性，提高计算的效率，可结合公式 (2-5) 中定位方法的思路

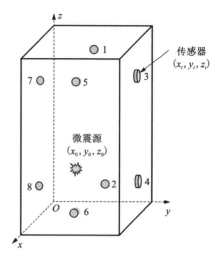

图 2-4　震源三维定位示意图

构造相应目标函数，进而简化震源定位的计算工作，结合这一定位思路，目前主要的定位方法包括到时定位法和到时差定位法。

2.1.2　到时定位法

设定位区域内 P 波的传播速度为 v，震源发生点的实际坐标为 (x_0, y_0, z_0)，设共有 n 个传感器，$t_i(i = 1, 2, \cdots, n)$ 为第 i 个传感器接收到震源信号的时间，且第 i 个传感器的坐标为 $(x_i, y_i, z_i)(i = 1, 2, \cdots, n)$，$l_i(i = 1, 2, \cdots, n)$ 表示各传感器与震源 (x_0, y_0, z_0) 的距离，t_0 表示震源的发生时刻，则有：

$$t_i = \frac{l_i}{v} + t_0 \tag{2-6}$$

其中各传感器与震源的距离 l_i 为：

$$l_i = \sqrt{(x_i - x_0)^2 + (y_i - y_0)^2 + (z_i - z_0)^2} \tag{2-7}$$

可得关于震源时空关系表达式：

$$t_i = \frac{l_i}{v} + t_0 = \frac{\sqrt{(x_i - x_0)^2 + (y_i - y_0)^2 + (z_i - z_0)^2}}{v} + t_0 \tag{2-8}$$

式中：传感器坐标 (x_i, y_i, z_i)、传感器接收到震源信号的时刻 t_i 以及波速 v 均为已知变量，所需求解的变量为震源坐标 (x_0, y_0, z_0) 以及震源发生时刻 t_0。

在因变量为到时的定位方法中，为构造相应的到时约束条件，设震源信号到达各传感器的时刻平均值为 $\bar{t}$，震源与各传感器的平均距离为 $\bar{l}$，则

$$\bar{t} = \frac{1}{n} \sum_{i=1}^{n} t_i = \frac{1}{n} \sum_{i=1}^{n} \left(\frac{l_i}{v} + t_0 \right) = \frac{\bar{l}}{v} + t_0 \tag{2-9}$$

其中，

$$\bar{l} = \frac{1}{n}\sum_{i=1}^{n} l_i = \frac{1}{n}\sum_{i=1}^{n}\sqrt{(x_i - x_0)^2 + (y_i - y_0)^2 + (z_i - z_0)^2} \qquad (2-10)$$

由此可构造如公式(2-11)所示的目标约束函数：

$$\min f_k = \sum_{1}^{n}(t_i - \bar{t})^2 \qquad (2-11)$$

通过对上述目标函数 f_k 在求解域内进行计算即可实现对震源坐标(x_0, y_0, z_0)以及震源发生时刻 t_0 的求解，该方法被称为因变量为到时的定位方法(STT)。

2.1.3 到时差定位法

在震源定位方法中，除了 2.1.2 介绍的因变量为到时的定位方法，因变量为到时差的定位方法也广泛应用于震源定位中。在定位计算的过程中，该方法将传感器与震源之间的到时差作为目标函数中需求解的变量，基本原理如下。

类似于因变量为到时定位方法的假设条件，设定位区域内 P 波的传播速度为 v，震源发生点的实际坐标为(x_0, y_0, z_0)，设共有 n 个传感器，$t_k(k=1, 2, \cdots, n)$ 为第 k 个传感器接收到震源信号的时间，且第 k 个传感器的坐标为(x_k, y_k, z_k) $(k=1, 2, \cdots, n)$，$l_k(k=1, 2, \cdots, n)$ 表示各传感器与震源(x_0, y_0, z_0)的距离，t_0 表示震源的发生时刻。

则第 k 个传感器的到时可表示为：

$$t_k = \frac{l_k}{v} + t_0 = \frac{\sqrt{(x_k - x_0)^2 + (y_k - y_0)^2 + (z_k - z_0)^2}}{v} + t_0 \qquad (2-12)$$

第 k 个传感器与震源的距离可表示为：

$$l_k = \sqrt{(x_k - x_0)^2 + (y_k - y_0)^2 + (z_k - z_0)^2}$$

传感器 i 和传感器 j 接受到震源信号时刻的到时差 Δt_{ij} 可表示为：

$$\Delta t_{ij} = t_i - t_j = \frac{l_i - l_j}{v} \qquad (2-13)$$

对于每一组传感器 i 和传感器 j 的观测值$(x_{ik}, y_{ik}, z_{ik}; x_{jk}, y_{jk}, z_{jk})$可构造其相应的回归值，即

$$\Delta\hat{t}_{ij} = t_i - t_j = \frac{l_i - l_j}{v} \qquad (2-14)$$

通过回归值 $\Delta\hat{t}_{ij}$ 与观测值 Δt_{ij} 之间的差异描述定位计算结果与实际结果之间的差异，对于拟合结果$(x_{ik}, y_{ik}, z_{ik}; x_{jk}, y_{jk}, z_{jk})$，若 $\Delta\hat{t}_{ij}$ 相较于 Δt_{ij} 之间的差异越小，则认为定位结果的拟合效果越好，由此构造如公式(2-15)所示的目标拟合函数 Q：

$$Q(x_0, y_0, z_0) = \sum_{i=1}^{n} \left(\Delta \hat{t}_{ij} - \frac{l_i - l_j}{v} \right)^2 = \min \qquad (2-15)$$

通过对上述目标函数的求解即可计算得到震源坐标(x_0, y_0, z_0)以及震源发生时刻t_0，称该定位方法为因变量为到时差的定位方法(STD)。

2.2 震源定位算法

2.1 节对震源定位的基本方法进行了介绍，在"到时法"以及"到时差法"中通过传感器与震源之间的时空关系构造了相应的目标约束函数，通过对目标函数的求解即可实现震源定位，本节以应用较广泛的到时差定位方法为例，对常用的震源定位算法的基本原理进行介绍。

2.2.1 定位算法研究进展

1912 年德国物理学家 Geiger 提出了基于最小二乘的线性定位方法，即 Geiger 定位方法[2]，这是最早、最经典、目前应用最为广泛的定位方法之一，也是传统定位方法的代表。其通过对地震的位置和发震时刻进行搜索，通过使微震波(一般选择 P 波或 S 波)的实际观测到时与理论到时之间残差最小来实现定位，其中的理论走时是基于假设的速度模型计算得出的。Geiger 算法后来演化出多个变种，时至今日仍然被广泛使用。比如 B. R. Lienert[3]首先对 Geiger 方法进行了改进，并提出了 Hypocenter 算法；G. D. Nelson[4]再在此基础上提出了三维速度模型下的 Quake 3D 方法。此类方法是将问题归结为求一目标函数的极小值，并通过对走时求偏导数做一阶近似，从而将非线性问题转化为线性问题，所以这类方法也被称为线性方法。这类方法存在初值依赖性大、定位准确性差甚至无法定位等问题。且由于当时计算技术水平所限，经典法并未得到很快发展。直到 20 世纪 70 年代 Lee 等人根据经典法编写了第一套 HYP071 震源定位计算程序[5]，经典法才在地震定位领域中被广泛使用。在此基础上，一系列传统地震定位方法发展起来，包括联合定位法[6]、相对定位法[7]、双重残差法、Hypoinverse[8]和 Hypocenter[3]等算法。

为了克服线性方法在求解微震源定位问题中的不足，非线性方法被逐渐使用和发展起来。1982 年，A. Tarantola 和 B. Valette 提出 Bayesian 定位方法及其严格公式解[9]，1985 年，Thurber 提出用包含二阶偏导数的非线性牛顿法来处理 Geiger 的方法，这种方法提高了算法稳定性，但同时加大了计算量[10]。1988 年 Prugger 和 Gendzwill[11]将单纯形法用于地震定位，这种方法不需要求偏导数或解逆矩阵，但不能给出解的分辨率和误差估计，之后在 20 世纪 90 年代，蒙特卡罗法、模拟退火法、遗传算法[12]等全局搜索算法都被用于解决定位问题，特别是 E. Robert Engdahl，Rob van der Hilst 和 Raymond Buland 提出的用于全球远震定位的 EHB 方法[13]极大地提高了定位精度和定位速度。葛懋琛通过对美国某高地应力下石灰石矿的微震研究，综合了数字滤波方法、基于绝对值的优化方法、改进的单纯形定位法及可靠性分析法等多种方法进一步提高了微震源定位的精度[14-16]。

在国内，1930 年李善邦在北京开始最初的震源定位工作，众多研究者对定位技术与应用进行了广泛探讨；李文军和陈棋福应用震源扫描算法(SSA)对微震进行定位[17]；陈炳瑞等应用粒子群算法进一步提高了定位精度[18]；林峰等分析了微震源定位方法中的线性定位方法和 Geiger 定位方法及其各自特点，并提出将线性定位方法和 Geiger 定位方法相结合的联合定位方法[19]。

2000 年 Waldhauser 和 Ellsworth 提出的双差定位法[20]是第一次将 TDOA 拾取相对法使用于地震定位。双差定位法基本思想：当两个微地震震源之间的距离相对于它们各自到观测点间的距离较小，且传播路径上的速度变化也较小时，这两个震源到同一个接收点的射线路径基本相同或者相近，这使得它们之间的走时残差与两震源点之间的距离有较强的相关性。这种思想降低了传播路径上速度对定位结果的影响，因此定位精度明显高于其他方法。他们在对北加州、南加州地震区的定位研究中，都验证了利用同源信号的互相关关系求到时差可以在一定程度上提高到时差拾取精度进而提高定位精度[21]的结论。

2011 年，李夕兵、董陇军等[22-24]提出一种无须测速的定位方法，消去了均匀速度模型中的速度参数，较好地解决了均匀波速模型中速度测量不准确所引入的误差，有效地提高了定位精度。

2.2.2　定位算法

到时法求解定位除了已知的传感器布置、速度模型等参数外，只需要获取微震事件的到时即可。波的到时一般是针对 P 波和 S 波来说的，因为 P 波和 S 波成分相对来说易于获得。到时法的核心思想就是通过多传感器监测到的某震源到达不同位置的到时信息，列出以震源坐标为未知数的传播方程组，求解方程组就可以获得震源坐标。以下均以到时法的定位计算为例介绍 Geiger 法和 Inglada 法。

（1）Geiger 法

1912 年德国物理学家 Geiger 提出了基于最小二乘的线性定位方法，即 Geiger 定位方法，这是最早、最经典、目前应用最为广泛的定位方法，也是传统定位方法的代表。其通过对地震的位置和发震时刻进行搜索，通过使微震波(一般选择 P 波或 S 波)的实际观测到时与理论到时之间残差最小来实现定位，其中的理论走时是基于假设的速度模型计算得出的。其基本原理是基于高斯牛顿迭代过程，一步步地由初始解不断逼近正解。数学过程描述如下，假设震源 S 的参数为 $\boldsymbol{\Phi}=$

(x,y,z,t)，初始解为 $\boldsymbol{\Phi}_0=(x_0,y_0,z_0,t_0)$，由用户指定或算法随机产生，$G_i(\boldsymbol{\Phi})$ 表示微震波从震源 S 到传感器 Q_i 的传播时间。将函数 $G_i(\boldsymbol{\Phi})$ 在点 $\boldsymbol{\Phi}_0$ 处做一阶的泰勒展开，可得：

$$G_i(\boldsymbol{\Phi})=G_i(\boldsymbol{\Phi}_0)+\frac{\partial G_i}{\partial x}\delta x+\frac{\partial G_i}{\partial y}\delta y+\frac{\partial G_i}{\partial z}\delta z+\frac{\partial G_i}{\partial t}\delta t \tag{2-16}$$

$\boldsymbol{\delta\Phi}$ 称为校正向量，记为 $\boldsymbol{\delta\Phi}=(\delta x,\delta y,\delta z,\delta t)^{\mathrm{T}}$，记 $\nabla\boldsymbol{G}_i=(\partial G_i/\partial x,\partial G_i/\partial y,\partial G_i/\partial z,\partial G_i/\partial t)$，则公式（2-16）可表示为：

$$G_i(\boldsymbol{\Phi})=G_i(\boldsymbol{\Phi}_0)+\nabla\boldsymbol{G}_i\boldsymbol{\delta\Phi} \tag{2-17}$$

为了求取校正向量，我们对公式（2-17）做变换，并令 $G_i(\boldsymbol{\Phi})-G_i(\boldsymbol{\Phi}_0)=\sigma_i$，则

$$\sigma_i=G_i(\boldsymbol{\Phi})-G_i(\boldsymbol{\Phi}_0)=\nabla\boldsymbol{G}_i\boldsymbol{\delta\Phi} \tag{2-18}$$

对所有的传感器 Q_i，列出 σ_i 的表达式并将其以矩阵形式表示为

$$A\boldsymbol{\delta\Phi}=\boldsymbol{\sigma} \tag{2-19}$$

其中：$\boldsymbol{\sigma}=(\sigma_1,\sigma_2,\sigma_N)$，

$$A=\begin{bmatrix}\nabla\boldsymbol{G}_1\\\nabla\boldsymbol{G}_2\\\vdots\\\nabla\boldsymbol{G}_N\end{bmatrix} \tag{2-20}$$

对方程（2-19）求解，可以得出校正向量的表达式为

$$\boldsymbol{\delta\Phi}=(A^{\mathrm{T}}A)^{-1}A^{\mathrm{T}}\boldsymbol{\sigma} \tag{2-21}$$

测试解 $\boldsymbol{\Phi}_i$ 与校正向量 $\boldsymbol{\delta\Phi}$ 的和 $\boldsymbol{\Phi}_i+\boldsymbol{\delta\Phi}$ 构成了一个新的解 $\boldsymbol{\Phi}_{i+1}$。下一步，以解 $\boldsymbol{\Phi}_{i+1}$ 作为新的当前解，重复这个过程，直到定位误差满足要求或者达到算法最大的运行时间为止。

Geiger 算法后来演化出多个变种，时至今日仍然被广泛使用。此类方法是将问题归结为求一目标函数的极小值，并通过对走时求偏导数做一阶近似，从而将非线性问题转化为线性问题，所以这类方法也被称为线性方法。在此基础上，一系列传统地震定位方法发展起来，包括联合定位法、相对定位法、双重残差法、Hypoinverse 和 Hypocenter 算法等。

（2）Inglada 法

Inglada 法是 1928 年由 Inglada 首先提出的[25]，是一个非迭代解法。其计算过程如下。

首先对公式（2-12）两边进行移动并平方得

$$(x_i-x)^2+(y_i-y)^2+(z_i-z)^2=(t_i-t)^2v^2 \tag{2-22}$$

在公式（2-22）中，未知量为 (x,y,z,t)，因此需要 4 个独立的等式联立方程组即

可求解，假设我们用到了传感器 Q_1、Q_2、Q_3 和 Q_4 的传播方程，并将 $Q_i(i=2，3，4)$ 的传播方程(2-22)与 Q_1 的传播方程(2-22)相减，可以得出

$$a_i x + b_i y + c_i z = d_i t + e_i \qquad (2-23)$$

这里 a_i、b_i、c_i、d_i、$e_i(i=1，2，3)$ 均可由已知参数表示。以 $x，y，z$ 为未知量、以 t 为已知量对该方程组求解，可以得出 $x，y，z$ 的关于 t 的表达式，代入公式(2-22)($i=1$)后可以得出关于变量 t 的一元二次方程，化简后可以表示为：

$$t^2 + \alpha t + \beta = 0 \qquad (2-24)$$

对该方程求解可以得出两个解 t_0 和 t_0'，其中 t_0' 是假解，可以根据实际监测数据予以排除。然后将 t_0 代入方程组(2-23)中即可求出震源位置变量($x，y，z$)的解。

该方法的特点是计算简便，完全是解析计算过程，没有复杂的数值计算，同时需要的传感器数量少。但是，从概率意义上来看算法的精度，我们需要更多的传感器同时参与计算，才能得到概率意义上更加准确的结果。

(3)双差定位法

2000 年 Waldhauser 和 Ellsworth 提出双差定位法，首次将 TDOA 拾取相对法使用于地震定位。双差定位法基本思想是：当两个微地震震源之间的距离相对于它们各自到观测点间的距离较小，且传播路径上的速度变化也较小时，这两个震源到同一个接收点的射线路径基本相同或者相近，这使得它们之间的走时残差与两震源点之间的距离有较强的相关性。这种思想降低了传播路径上速度对定位结果的影响，因此定位精度明显高于其他方法。

双差定位法的原理是利用微震波的走时差反演得出震源的位置，并且能够有效地消除震源至传感器的共同传播路径效应，降低速度模型的影响。此处对原理简要介绍如下。若有微震事件 S_a 和 S_b，以及传感器 Q_i，则双差 dr^{ab} 的定义为：

$$dr^{ab} = (t_{i-a}^o - t_{i-b}^o) - (t_{i-a}^c - t_{i-b}^c) \qquad (2-25)$$

式中：t_{i-a}^o 表示传感器 i 测得的微震 S_a 的走时；t_{i-a}^c 表示传感器 i 的理论走时。将该式改写为

$$dr^{ab} = (t_{i-a}^o - t_{i-a}^c) - (t_{i-b}^o - t_{i-b}^c) = \frac{\partial t_{i-a}}{\partial m} \cdot \Delta m_a - \frac{\partial t_{i-b}}{\partial m} \cdot \Delta m_b \qquad (2-26)$$

其中：$\Delta m_a = \{\Delta x_a，\Delta y_a，\Delta z_a，\Delta t_a\}$，是震源 S_a 的参数扰动；Δm_b 则是震源 S_b 的参数扰动。对所有传感器和事件应用公式(2-26)，可以得到如公式(2-27)所示的矩阵方程：

$$\boldsymbol{WGm} = \boldsymbol{Wd} \qquad (2-27)$$

其中：$\boldsymbol{W}$ 为权矩阵；$\boldsymbol{G}$ 为偏微商矩阵；$\boldsymbol{d}$ 是双差矢量。反演时，需要引入约束条件为所有震源的扰动向量的和为 0，即

$$\sum \Delta \boldsymbol{m}_k = 0 \qquad (2-28)$$

在约束条件的基础上，再对方程进行反演即可得到震源位置。

2.3　微震定位影响因素

矿山微地震监测涵盖的内容是丰富的，所以影响微震定位的因素也是复杂的、多方面的，但是一般来说，影响定位精度并可通过算法改善的几个关键因素是有共识的。比如董陇军认为影响因素有传感器布局带来的误差、速度模型误差和优化算法带来的误差[26]。李楠认为微震监测定位精度的影响因素主要有到时差拾取误差、台站或传感器布置影响、台站或传感器位置测量误差影响、波速模型影响及不同算法带来的影响[27]。在这些影响因素中，因为台站位置测量误差取决于当前科学技术测量水平，故本书不做讨论。剩下的到时差拾取、传感器布置、波速模型及算法选择 4 个影响因素不仅直接影响着定位的精度，而且还会间接影响着定位的精度，本书将有针对性地对其进行介绍、分析和研究，最大可能地减小影响因素带来的误差，提高定位精度。

2.3.1　走时与到时

微震波的走时是指微震波从微震源发出至到达给定的监测点所经历的时间。微震波的到时是指微震波到达给定的监测点的时刻。在定位计算中，我们经常用到的输入量是到时差，对于相同的震源和给定的两个监测点，到时差在数值上与走时差是相等的。在到时拾取的理论和方法研究方面，很多情况下我们参考率先发展起来的地震研究中的相关理论。而与地震的不同之处在于，微震的强度较低，一般小于 3 级，微震监测的范围较小，一般为几千米到几十千米，因此微震定位对到时拾取的精度要求远高于地震定位对到时拾取的精度要求。影响微震波到时拾取精度的因素包括监测点信号的信噪比、波形信号的频率范围、拾取算法等。同时，矿山复杂的天气水文情况和传播介质构成，以及人工活动的影响，都使得精确获取微震到时非常地困难。

自信息技术兴起以来，微震波到时拾取技术得到了迅猛发展，但是由于上述复杂原因，其精度还有待进一步提高。现今矿山多采用基于计算机程序的自动拾取方法并辅助以人工校正，以此作为微震源定位的依据。此外，微震定位计算中，到时拾取人多用的是 P 波到时，因此在定位计算时也采用 P 波波速。

在基于到时差的传统方法中，因为人为开采等因素引起的噪声影响和复杂的地质条件影响使得识别到时差有一定的挑战性。目前求解到时差（或时延）的方法有很多，其主要分为两类，即绝对法和相对法。绝对法是分别拾取两个传感器测量到的信号的初至波绝对到时，代入公式求取到时差，例如神经网络法、长短时窗法及修正的能量比技术、分形维数法和相关法拾取初至波等。这类方法对地质条件和工作人员的经验具有较高要求，其结果的精确性很容易受到传感器布置网络、地壳情况和读取精度等因素的影响。这些方法常会配合一些滤波技术（如傅里叶分析法和小波变换法等）一起使用以降低噪声水平，提高拾取精度。

相对法无须求取任何初至波的绝对到时，只是根据传感器测量到的同源信号波形的相似性直接求出到时差。相对法最早出现在声波定位领域，H. Charles Knapp 和 G. Clifford Carter 使用广义相关方法估算到时差[28-29]。利用波形互相关技术来获得相对走时差，避免了计算到时差过程中的初至波拾取误差。

Waldhauser 和 Ellsworth 在 2000 年提出了地震双差法，并给出了事件对的概念，通过空间偏导数的计算进行了一系列的地震定位，提高了定位的精度，并在地震领域很快得到了广泛的应用。如果两个地震的震源机制相似、相距又很近，那么两者传播路径相似，在同一个传感器上记录的波形也很相似，那么就可以使用波形互相关技术拾取到时差，精度可以达到毫秒量级，两个地震间相对位置的误差可以降低到几十米。在此方法之前对数据行进自相关的处理可有效地降低噪声水平，是较为常用和有效的方法，称为多重互相关法。

2.3.2 传感器布局

微震监测传感器的布置方案是决定震源定位精度的重要因素，合理的传感器布置方案可以提供更有效的数据用于定位，可降低波速或到时差等其他数据误差对震源定位的影响，提高震源定位算法的稳定性和精度。传感器布置方面的研究主要集中在传感器安装位置的布局优化方面，但是传感器与震源的相对位置关系和传感器布局对定位的影响机理研究则相对较少。为了进一步提高定位的精度，我们加强了对这一方面的研究。

通常，传感器布局优化主要集中在如下两个研究点：①需要的传感器的总数，也称为监测系统的规模；②传感器的布局方式。确定监测系统的规模时，需要重点参考介质的衰减特性，由于微震信号的信噪比较低，传感器距离震源较远时收到的信号可能极差，甚至不能使用。因此，传感器的数量和布局都要与传播介质的衰减特性相匹配，保证数量足够的传感器能够接受到有效的微震波信号用于定位计算。同时，除了考虑技术参数外，系统的建设、安装和维护成本也是一个重要影响因素。在项目预算允许的情况下，监测系统的规模越大，可供利用的有效数据越多，获得精确震源位置的可能性就越高。时下国内矿山新建的微震监测系统多采用 32 通道传感器以上的系统。在传感器布置布局方面，一般采用多层次的建设方案，即总的微震监测系统由多个分系统构成，各自负责监测不同的区域，而分系统又由多个子系统构成，对目标区域进一步细分。例如一个矿山的微震监测分系统只负责监测某些区域（采区、开采水平或工作面），所有分系统整合起来形成了矿山的微震监测总系统。在技术细节方面，Peters 等尝试了不同的传感器布置网格，如正六边形、不规则六边形、三角形、四边形等，并对比了不同布置方案的优缺点[30]。唐礼忠等（2006）采用 Kijko 理论进行了站网布置优化，结合矿山已有巷道和系统性能要求，调查了不同传感器布置方案的精度和敏感度，并获得了矿山定位中传感器布置的最优方案[31]。Gemaochen 和李楠研究了二维台站布置对定位精度的影响机理，提出了普适准则[32]。

传感器的安装位置和角度也是主要的输入参数，并且其精度与微震源定位的精度密切相关，因此有必要加以重视。在实践中为了便于安装和维护监测传感器，通常将其安装在地表或是矿井巷道中。它们的位置一般由位置测量仪器确定。因此测量仪器的精度直接决定了传感器坐标值的精度。目前主流的测距仪量程一般为数十千米，精度可达到 0.2 mm+0.2×10⁻⁶。常用的测距仪产品如 ME-5000 型测距仪，测量精度为 0.2 mm+0.2×10⁻⁶，测程为 8 km。工程实践中还常用到经纬仪测量方向角[33]。智能化的全站型电子测距仪集水平角、垂直角、距离（斜距、平距）、高差测量等功能于一体，兼具有经纬仪和测距仪的优点，可用于地表测量和地下测量，而且提供数字化的测量结果，因此能够方便地得出高精度的传感器坐标值。

对于传感器的维护要考虑如下几个要点：①在矿山的微震监测系统建立之初，应对系统中的所有传感器的坐标进行反复、仔细的测量，做好相应记录。②实时记录、分析、保存传感器信号，及时发现传感器异常并采取维护措施。③定期校验。建立定期校验制度，每隔一定时间，如一个月，对所有传感器的坐标进行重新标定，以防地质活动引起的位置移动。④在监测系统的生命周期中，可能由于设备损坏、巷道坍塌、器件升级等原因对传感器的布局进行调整，须及时地标定传感器位置并做好相应的记录。

2.3.3　波速模型

波速模型的准确与否直接决定着微震震源定位的准确性。因此，波速模型是微震定位的最为重要的影响因素之一，但同时也是最复杂和最难准确建模的参数。理想情况下，波速模型应该反映煤岩介质的真实波速场。由于现实岩体情况的复杂性和各种人为因素的影响，以及时刻都可能发生的自然灾害和采掘行为，实际波的传播情况是很难把握和控制的。此外，波穿越两种介质界面时发生的折射等行为在实际操作中很难建模。因此，为了定位计算的简单可行，目前常用的做法是对波的传播行为进行简化，常用的简化模型包括：均匀波速模型、分层波速模型和复杂波速模型。

均匀波速模型假设微震波的传播介质为均质、连续、各向同性的。根据费马定理，微震波在均匀介质中传播时遵从直线传播定律，此时从震源发出、空间任意位置的传播时间都是最短的。由于技术上的易操作性和后期定位计算的简单性，该模型得到了最广泛的使用。但是这个假设与实际情况相差较大，也会引入较大误差。

人们在实践中，逐渐体会到均匀波速模型引入的误差较大，其中一个主要的因素就是地下介质中存在不同成分的岩层，而微震波在穿越这些不同岩层时行为会发生较大的变化，因此分层波速模型便被提了出来。分层波速模型改变了均匀波速模型对地下介质单一性的假设，认为介质是由很多层的均匀介质构成，在层内速度均匀不变，而在层间则速度不同。Crosson 等[34]分别对均匀波速模型、2 分层波速模型和 4 分层波速模型在相同条件下引入的定位误差进行了研究，结果表明 2 分层波速模型的精度最高，这表明分层模型并不完全贴近现实模型，只是一个折中方案。而复杂波速模型则采用目前的计算机仿真技术，采用网格化的方法，以更高的精度拟合现实的速度场，一般通过声发射试验的方法确定波速模型参数，但需要大量的传感器监测点以提高模型的精度。

2.3.4 定位算法

拾取到较为精确的初至波或者到时差作为合适的参数，建立了较为贴合实际的速度模型，并结合现场情况选择出最为优化的传感器布设方案之后，如何选择或设计总体的定位算法，使其能够得到最精准的定位，且保证此算法在之前我们分析的影响因素的变化下都能保持较好的鲁棒性是尤为重要的。需要注意的是，在本书中提到的定位算法是贯穿始终的，它既包括充分利用以上各方面最优的数据和参数条件下设计的总体定位算法，也包含为了得到以上每个方面的最优结果，比如拾取更精准的到时差，或选择最优的传感器布设方案，而后有针对性地提出或设计的算法。

震源的定位以地震波的传播特性为基础。矿山微震定位是预防矿难和进行灾后救援的重要技术手段，微震源的空间位置分布和发震时间是微震监测技术主要的研究内容。在传感器数目足够时，只要获取了到时，微震源的位置坐标和发震时间是可以相互推导的。震源定位算法的分支很多，发展较快，本书涉及的算法大部分是基于到时差的定位算法，此部分内容在 2.2 节震源定位算法中有介绍，在此不再赘述。

参考文献

[1] 李夕兵.岩石动力学基础与应用[M].北京：科学出版社，2014.
[2] 董陇军，孙道元，李夕兵，等.微震与爆破事件统计识别方法及工程应用[J].岩石力学与工程学报，2016，35(7)：1423-1433.

［3］ LIENERT B R, BERG E, FRAZER L N. Hypocenter: An earthquake location method using centered, scaled, and adaptively damped least squares［J］. Bulletin of the Seismological Society of America, 1986, 76(3): 771-783.

［4］ NELSON G D, VIDALE J E. Earthquake locations by 3D finite difference travel times［J］. Bulletin of the Seismological Society of America, 1990, 80(2): 395-410.

［5］ LEE W, LAHR J. HYPO71 (revised): A computer program for determining hypocenter, magnitude, and first motion pattern of local earthquakes［J］. Center for Integrated Data Analytics Wisconsin Science Center, 1975: 75.

［6］ CROSSON R S. Crustal structure modeling of earthquake data: 1. Simultaneous least squares estimation of hypocenter and velocity parameters［J］. Journal of Geophysical Research, 1976, 81(17): 3036-3046.

［7］ SPENCE W. Relative epicenter determination using P-wave arrival-time differences［J］. Bulletin of the Seismological Society of America, 1980, 70: 171-183.

［8］ KLEIN F W. Hypocenter location program-HYPOINVERSE: Users guide to versions 1, 2, 3 and 4［R］. U. S. Geological Survey, 1978.

［9］ TARANTOLA A, VALETTE B. Inverse Problems = Quest for Information［J］. Veterinary Therapeutics Research in Applied Veterinary Medicine, 1982, 2(1): 24-39.

［10］ THURBER C H. Nonlinear earthquake location: theory and examples［J］. Bulletin of the Seismological Society of America, 1985, 75(3): 779-790.

［11］ PRUGGER A F, GENDZWILL D J. Microearthquake location: A nonlinear approach that makes use of a simplex stepping procedure［J］. Bulletin of the Seismological Society of America, 1988, 78(2): 799-815.

［12］ 杨文东, 金星, 李山有, 等. 地震定位研究及应用综述［J］. 地震工程与工程振动, 2005, 25(1): 14-20.

［13］ ENGDAHL E R, HILST R, BULAND R. Global teleseismic earthquake relocation with improved travel times and procedures for depth determination［J］. Bulletin of the Seismological Society of America, 1998, 88(3): 722-743.

［14］ GE M. Analysis of source location algorithms part II: iterative methods［J］. Journal of Acoustic Emission, 2003, 21(1): 29-51.

［15］ LI N, WANG E, GE M, et al. A nonlinear microseismic source location method based on Simplex method and its residual analysis［J］. Arabian Journal of Geosciences, 2014, 7(11): 4477-4486.

［16］ GE M. Microseismic Monitoring in Mines［J］. Extracting the Science: A Century of Mining Research, 2010: 277.

［17］ 李文军, 陈棋福. 用震源扫描算法(SSA)进行微震的定位［J］. 地震, 2006, 26(3): 107-115.

［18］ 陈炳瑞, 冯夏庭, 李庶林, 等. 基于粒子群算法的岩体微震源分层定位方法［J］. 岩石力学与工程学报, 2009, 28(4): 740-749.

［19］林峰，李庶林，薛云亮，等.基于不同初值的微震源定位方法［J］.岩石力学与工程学报，2010，29(5)：996-1002.

［21］WALDHAUSER F，ELLSWORTH W L．A double-difference earthquake location algorithm：Method and application to the northern Hayward fault，California［J］．Bulletin of the Seismological Society of America，2000，90(6)：1353-1368.

［21］WALDHAUSER F，SCHAFF D P．Large-scale relocation of two decades of Northern California seismicity using cross-correlation and double-difference methods［J］．Journal of Geophysical Research：Solid Earth，2008，113(B8)：4177-4183.

［22］LI X B，DONG L J．Comparison of two methods in acoustic emission source location using four sensors without measuring sonic speed［J］．Sensor Letters，2011，9(5)：2025-2029.

［23］DONG L J，LI X B．A microseismic/acoustic emission source location method using arrival times of PS waves for unknown velocity system［J］．Int J Distrib Sens Netw，2013：307-489.

［24］董陇军，李夕兵，唐礼忠，等.无需预先测速的微震震源定位的数学形式及震源参数确定［J］.岩石力学与工程学报，2011，30(10)：2057-2067.

［25］Inglada V．Die Berechnung der Herdkoordinaten eines Nahbebens［J］．Gerl．Beitr．Z．Geophys．Bd，1928，19：73-98.

［26］何满潮.工程地质力学的挑战与未来［J］.工程地质学报，2014，22(4)：543-556.

［27］李楠.微震震源定位的关键因素作用机制及可靠性研究［D］.北京：中国矿业大学(北京)，2014.

［28］CARTER G C．Coherence and time delay estimation［J］．Proceedings of the IEEE，1987，75(2)：236-255.

［29］KNAPP C H，CARTER G C．The generalized correlation method for estimation of time delay［J］．IEEE Trans．Acoust.，Speech，Signal Processing，1976，24：320-327.

［30］PETERS D C，CROSSON R S．Application of prediction analysis to hypocenter determination using a local array［J］．Bulletin of the Seismological Society of America，1972，62(3)：775-788.

［31］唐礼忠，杨承祥，潘长良.大规模深井开采微震监测系统站网布置优化［J］.岩石力学与工程学报，2006，25(10)：2036-2042.

［32］GE M C．Optimization of transducer array geometry for acoustic emission/microseismic source location［D］．Pennsylvania：Pennsylvania State University，1988.

［33］陈金梅.谈矿山测量仪器及技术发展与应用［C］.中国采选技术十年回顾与展望，2012中国矿业科技大会论文集.北京：冶金工业出版社出版，2012：522-525.

［34］CROSSON R S，PETERS D C．Estimates of miner location accuracy：error analysis in seismic location procedures for trapped miners［M］．Cambridge，1974.

第 3 章　微震到时差拾取方法

微震源定位研究中应用最广的是基于到时差理论的定位方法。该技术的一般做法是根据波的传播理论建立到时差方程组，结合波速、传感器空间坐标等已知条件求解出震源的位置和发震时间。此方法的关键是求取精确的到时差。

扫码查看本章彩图

本章对到时差拾取的常规方法的基本原理进行介绍，并论述基于小波交叉变换的到时差计算方法和基于深度学习技术的到时提取方法在矿山实践中的应用，包括个例分析试验和统计分析试验，拾取结果的精准度、可靠性和鲁棒性情况。

3.1　到时差拾取常规方法

到时差的拾取是震源定位中的一项重要环节，对震源定位结果有直接的影响，本节内容将介绍到时差拾取技术的研究现状以及到时差拾取的常规方法(互相关法、多重互相关法、长短时窗法和峰度法)。

3.1.1　到时差拾取技术现状

目前求解到时差(或时延)的方法主要分为两类，即绝对法和相对法。绝对法是分别拾取两个传感器测量到的信号的初至波绝对到时，代入公式求取到时差。也是当前应用比较广泛的方法。这类方法对地质条件和工作人员的经验有较高要求，其结果的精确性很容易受到传感器布置网络、地壳情况和读取精度等因素的影响。

相对法无须求取任何初至波的绝对到时，只是根据传感器测量到的同源信号波形的相似性直接求出到时差。和基于相似性的到时差计算方法相比，基于初至波拾取的到时差计算方法较依赖于工作人员的初至波拾取经验，对于初至波不够清晰的波形难免会出现拾取困难和偏差，难以保证初至波拾取的精度和准确度，忽视了同源信号之间波形的相似性，从而放弃了降低误差的机会。相对法最早出现在声波定位领域，通常称之为时间延迟（time delay）。1987 年，Cater 使用互相关函数识别两个信号波形的相似性，他发现当相关度最大的时刻，时间偏移值更接近于到时差的值。近 20 年来，相对法得到了极大的发展并运用于地球物理学、地震学、音响、卫星导航、无线电、雷达、声纳、超声学等领域[1-4]。其中，绝大多数都是使用互相关法或者协方差法作为衡量两个信号相似性的手段，例如双差法[5]（double-difference algorithm，DDA，Waldhauser and Ellsworth，2000），广义互相关法[6]（the generalized cross-correlation，GCC，Knapp and Carter，1976）和广义互相关－相位变换法（generalized cross correlation with phase transform，GCC-PHAT[7]，Kwon et al，2010），这些方法之间的差异一般只是搭配使用了不同的滤波方法，比如傅里叶技术[6, 8, 9]（Knapp and Carter，1976；Carter，1987；Huang and Jacob，2001），自相关滤波[10]（He and Zhao，2010）和小波技术[7, 11]等。最早在地震中引入波形相似性原理来求到时差的是 2000 年由 Waldhauser and Ellsworth 提出的双差定位法。双差定位法的基本思想：当两个微地震的震源之间的距离相对于两个震源各自到观测点间的距离较小，且其传播路径上的速度变化也较小时，这两个震源到同一个接收点的射线路径相近甚至基本相同，这使得它们之间的走时残差与两个微震震源之间的距离有着较强的相关性。这种方法降低了传播路径上速度对定位结果的影响，因此定位精度明显高于其他方法。另外，在对北加州、南加州地震区的定位研究中，都验证了利用同源信号时域和频域的互相关关系求到时差可以在一定程度上提高定位精度这一结论。互相关函数和傅里叶变换相结合的方法可以对信号进行时频分析，在一定程度上提高定位误差，但是因为此方法只可以对信号进行全局分析，这也在一定程度上限制了定位的精度，特别是对于以不稳定性和随机性为首要特点[12, 13]（Correig and Urquizú，2002；Sobolev et al，2005）的微震波来说这点表现得尤为明显。多重互相关法[10]通过使用自相关滤除噪声再使用互相关判断信号相似性，进而使用基于 TDOA 的定位方法求出震源位置，通过降低噪声影响提高了定位的精确性。

非平稳信号的统计随时间改变。然而大多数传统信号分析方法是基于信号平稳假定。这样的方法只适用于确定频率范围内的平均信号，但无法同时揭示时间频率范围内的本地特性，故在工程应用中用这样的方法分析非平稳信号是不合适的[14]。一个好的计算方法不仅要能够在低信噪比和强混响的条件下精确地估计出时延，而且要能很好地发掘信号的局部特征和利用信号的频域特征，并具有较低的运算量[15]。

基于互相关的到时差估计方法在微震事件监测中占据很重要的地位，它充分利用了现场监测到的同源信号的相似性，然而这些方法极易受到噪声的影响，特别是当信号的全局相似性较低时。

3.1.2　到时差计算方法

物体在承受载荷时，都会伴随有能量的积聚和释放的现象。这样的物体在能量积聚的过程中，极有可能会由于局部弹塑性能过大而产生微裂隙，那么物体中的弹性波或应力波也会随着裂隙的产生而向其周围传播，这类波信号的频率较低，但是其含有的能量很大，称之为微震，将这类波称之为微震信号。微震波从成分性质上可以分为两种，一种是表面波，即只能沿着地表传播的波，一种是实体波，即可以穿透地层、可沿任意方向传播的波。实体波是我们在微震定位建模中用的波形，一般可以分为 P 波和 S 波两类。

P 波(primary wave 或者 pressure wave)是一种纵波，即波的振动方向和波的前进方向平行。在所有地震波中，P 波一般前进速度最快、最早抵达。P 波能在固体、液体或气体中传播。

S 波(secondary wave 或者 shear wave)是一种横波，即波的振动方向和波的前进方向垂直。其传播速度一般低于 P 波。在穿透力方面，S 波只能在固体中传递，而不能在液体或气体介质中传播。

P 波和 S 波在地球内部传播，故微地震定位经常用到时差来建立传播方程并计算震源位置。P 波因波速最快被称为初至波，并因易于区分成为经常使用的微地震监测波形。假设波的传播介质为均匀的各向同性介质，这也是微震定位计算领域一般所采用的假设，则 P 波的波速被认为是常量，并且可事先测定，从而对于每个传感器可以建立如公式(3-1)所示的传播公式：

$$\sqrt{(x_i - x)^2 + (y_i - y)^2 + (z_i - z)^2} = v \cdot (t_i - t) \tag{3-1}$$

式中：(x, y, z) 为震源 S 的坐标；(x_i, y_i, z_i) 为传感器 i 的坐标；v 为 P 波波速；t 为发震时刻；t_i 为震源 S 的 P 波首次到达传感器 i 的时刻。该方程左边为震源到传感器的距离，右边为波速乘以传播时间。

对于传感器 i 和 j，代入公式(3-1)并相减，可得到公式(3-2)：

$$\sqrt{(x_i - x)^2 + (y_i - y)^2 + (z_i - z)^2} - \sqrt{(x_j - x)^2 + (y_j - y)^2 + (z_j - z)^2}$$
$$= v \cdot (t_i - t_j) \tag{3-2}$$

在方程(3-2)中，右端的 $(t_i - t_j)$ 表示传感器 i 和传感器 j 感知到微震事件的时间差，一般称为到时差。在公式(3-2)中，到时差是唯一与微震事件相关的测量值，因此该值对定位准确与否非常重要。方程(3-2)如果用图形来表示就是以两个传感器位置坐标为焦点的双曲线的一支，简化到二维情况如图3-1(a)所示，而我们需要定位的微震源则应当位于这个曲线轨迹上的某点。在二维平面里，至少需要两条双曲线确定一个点，如图3-1(b)所示。同理，理想情况下在三维空间中三条双曲线即可定出一个位置。到时差计算的经典方法将在本章的3.2节、

3.3 节予以介绍。

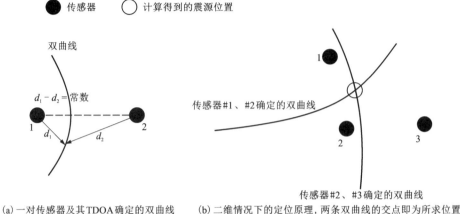

（a）一对传感器及其TDOA确定的双曲线   （b）二维情况下的定位原理，两条双曲线的交点即为所求位置

图 3-1　到时差 TDOA 定位原理图

（1）互相关法

互相关函数是信号分析里的概念，表示两个时间序列之间的相关程度，被用来衡量两个信号的相似性，是两个信号相对于微震事件的一个实函数。互相关函数常被用于计算多通道传感器监测下的两个相似信号的到时差，进而实现对微地震事件的定位。

两个随机变量 x 和 y 的互相关函数被定义为：

$$R_{xy}(\tau) = E[x(i) \cdot y(i + \tau)] \tag{3-3}$$

这里 E 代表数学期望。对于两个离散信号 $x(i)$ 和 $y(i)$（$i = 1, 2, \cdots, N$），其中 N 代表信号序列的长度，公式（3-3）可以被写为

$$\hat{R}_{xy} = \sum_{i=1}^{N} [x(i) \cdot y(i + \tau)/N] \tag{3-4}$$

假设 $s(i)$ 是微震事件产生的信号，$x(i)$ 和 $y(i)$ 分别为 $s(i)$ 传播到传感器 i 和 j 后被测量到的信号。因为 $x(i)$ 和 $y(i)$ 不可避免地包含噪声，噪声信号为 $w_1(i)$ 和 $w_2(i)$，则可以被表达为：

$$x(i) = \alpha \cdot s(i - \tau_1) + w_1(i) \tag{3-5}$$

$$y(i) = \beta \cdot s(i - \tau_2) + w_2(i) \tag{3-6}$$

式中：α 和 β 是跟波传播的路径和传感器有关的量；τ_1 和 τ_2 分别是波从微震源到两个传感器传播的走时。

根据公式（3-4）所示的互相关函数的计算，$x(i)$ 和 $y(i)$ 的互相关函数公式可以被简化为：

$$R_{xy}(\tau) = \alpha\beta \cdot E\{s(i)s[i - \tau - (\tau_1 - \tau_2)]\} \tag{3-7}$$

由公式(3-7)可知当 $\tau = (\tau_1 - \tau_2)$ 时，$R_{xy}(\tau)$ 可达到最大值，即当信号移动到时差长度时，两个信号相似度最大，这是利用了同源信号相似性的特点。这意味着在互相关函数中，对应于最大值的延迟就是理论上的两个传感器之间的到时差。

（2）多重互相关法

以上互相关函数方法是最常用和基本的评价两个信号相似性的方法，也是相对法求到时差最基本的方法，但其对于非平稳信号的处理效果不是很好，而且噪声的存在会对精准度的识别造成一定影响。但是若在互相关计算之前进行一次自相关计算，则可以部分消除和压制高频噪声（如仪器噪声、电磁干扰等环境噪声）带来的影响，从而提高延时估计的准确性。在互相关之前加算一次自相关消除白噪声提高信噪比的方法，我们称之为多重互相关计算。

同公式(3-5)和公式(3-6)，假设两个信号为 $x(t)$ 和 $y(t)$，$x(t)$ 的自相关函数记为 $R_{xx}(k)$，$x(i)$ 和 $y(i)$ 的互相关函数记为 $R_{xy}(k)$，可分别由公式(3-8)、公式(3-9)计算：

$$R_{xx}(k) = \sum_{i=1}^{N}[x(i)x(i+k)/N] \tag{3-8}$$

$$R_{xy}(k) = \sum_{i=1}^{N}[x(i)y(i+k)/N] \tag{3-9}$$

因为微震信号 $s(i)$ 与噪声信号 $w(i)$ 无关，由相关性质可知，二者的互相关系数值为 0，假使定义：

$$r(j) = \sum_{i=1}^{N}[s(i)s(i+j)/N] \tag{3-10}$$

可得到公式(3-11)、公式(3-12)：

$$R_{xx}(k) = \sum_{i=1}^{N}[s(i)s(i+k)/N] + \sum_{i=1}^{N}[w(i)w(i+k)/N]$$
$$= r(i+k) + \sum_{i=1}^{N}[w(i)w(i+k)/N] \tag{3-11}$$

$$R_{xy}(k) = \sum_{i=1}^{N}[s(i)s(i-\tau+k)/N] + \sum_{i=1}^{N}[w(i)w(i+k)/N]$$
$$= r(i-\tau+k) + \sum_{i=1}^{N}[w(i)w(i+k)/N] \tag{3-12}$$

由公式(3-11)和公式(3-12)可知，R_{xx} 和 R_{xy} 的时间延迟为 τ。因为根据定义连续时间内白噪声信号 $w(i)$ 的自相关函数是一个 δ 函数，在除 $\tau = 0$ 之外的其他点均为 0。那么 $R_{xx}(k)$ 和 $R_{xy}(k)$ 的信噪比大于原始信号 $x(i)$ 和 $y(i)$ 的信噪比，便可得到更精确的到时差。

（3）长短时窗法

以上两种方法是用相对法求到时差，即通过两个传感器之间系列波形的相对到时求取到时差。长短时窗法（STA/LTA）属于绝对法求到时差，这种方法要求先识别出不同传感器之间的一系列 P 波的绝对到达时间，然后作差求出到时差。长短时窗法是最常用的一种绝对法。在此方法中，沿时间轴定义了两个不同的滑动时间窗口，一个是长时窗，一个是短时窗，计算出两个时窗内信号的能量，并通过识别长时窗与短时窗能量比的最大值得到时。微震事件和背景信号有噪声影响，故长短时窗代表了测量到的信号的能量。如果微震信号为 $s(i)$，长短时窗法在 τ 时刻的能量比可由公式（3-13）计算：

$$\frac{\text{STA}}{\text{LTA}}(\tau) = \frac{\dfrac{\sum\limits_{i=\tau-N_{\text{STA}}}^{\tau} CF[s(i)]}{N_{\text{STA}}}}{\dfrac{\sum\limits_{i=\tau-N_{\text{LTA}}}^{\tau} CF[s(i)]}{N_{\text{LTA}}}} \tag{3-13}$$

式中：$CF(*)$ 表示特征函数，它表征微震事件中测量到的信号的振幅或者相位等特性，常用的有绝对值、平方或一阶导数等函数。长时窗和短时窗中的数据点分别记为 N_{LTA} 和 N_{STA}。此方法的优点为运行速度快，但是时窗长度的选取会影响到时差的计算结果，当噪声较大时尤为明显。

（4）峰度法

峰度（kurtosis）法是对实数随机变量的概率分布的峰态的衡量方法，峰度表征分布的集中程度或曲线的尖峭程度。其四阶累积量表示为：

$$\text{Kurt}(x) = \frac{\mu_4(x)}{\sigma(x)^4} = \frac{E[(x-\mu)^4]}{\{E[(x-\mu)^2]\}^2} \tag{3-14}$$

其中：$\mu(x)$ 和 $\sigma(x)$ 分别是随机变量 x 的均值和方差。

沿着时窗滑移的峰度曲线，计算一系列的峰度值，找出最大峰值对应的时间点，即可以得到初至波的到时。此方法的缺点是初至波到时的计算易受噪声和峰度时窗大小选取的影响。

以上 4 种常用的方法中，前 2 种方法称之为相对法，其特点是无须计算微震波的初至波到达的绝对时间点，只需通过计算同源信号的互相关函数的最大值即可求出到时差。后两种方法称为绝对法，在此类方法中，到时差通过拾取初至波的绝对到时并作差求得。这种方法的缺点是没有利用信号之间的相似性，从而放弃了降低误差的机会。

3.2　基于交叉小波变换的到时差计算方法

本节介绍一种基于交叉小波的到时差计算方法，并成功地应用于微地震事件的震源定位中，其理论建立过程以及相关计算流程说明如下。

3.2.1　理论介绍

对一个离散信号序列 $x(t)(t=1, 2, \cdots, N)$，当时间步距 δt 为常数时，则连续小波变换可表示为 $x(n)$ 与小波母函数在平移和拉伸后的卷积，用公式可以表示为：

$$WT^x(u, s) = \sqrt{\frac{\delta t}{s}} \sum_{t=1}^{N} x(t) \Psi_0 \left[(t - u) \frac{\delta t}{s} \right] \tag{3-15}$$

其中：u 是平移参数；s 是尺度因子。我们试验中使用的母小波为莫莱（Morlet）小波，因为在莫莱小波的使用中，根据所选择的参数值可以改变信号在时间与频率上的解析度，此功能使得它在时间域和频率域的平衡中表现出了极大的优越性，特别是当其被应用于特征提取中时。莫莱（Morlet）小波母函数的表达式为：

$$\Psi_0(\eta) = \pi^{-\frac{1}{4}} e^{j\omega_0\eta} e^{-\frac{1}{2}\eta^2} \tag{3-16}$$

式中：η 代表无量纲量；ω_0 代表波数。当 ω_0 为 0 时，莫莱小波具有最佳的频率解析度，随着此值上升，频率的解析度下降，时间轴的解析度上升，到达无限大时，时间的解析度最大，这里我们按照常规经验取 ω_0 为 6。两个信号 $x(t)$ 和 $y(t)(t= 1, 2, \cdots, N)$ 的交叉小波变换计算公式为：

$$WT^{xy}(u, s) = WT^x(u, s) WT^{y*}(u, s) \tag{3-17}$$

式中：$*$ 号表示取复数的共轭操作。交叉小波能量谱被定义为 $|WT^{xy}(u, s)|^2$。复变量 $\arg[WT^{xy}(u, s)]$ 为在时频域内信号 $x(t)$ 和 $y(t)$ 的局部相位差。

当使用交叉小波法来识别两个传感器 A_1 和 A_2 监测到的两个信号 $x_i(i=1, 2, \cdots, N)$ 和 $y_i(i = 1, 2, \cdots, N)$ 间的到时差时，假设信号 x_i 和 y_i 之间的到时差为 k 个采样步，即来自震源的信号在到达 A_1 位置 $k*\delta t$ 后到达了 A_2 位置。因此 $x(i)$ 和 $y(i+k)$ 是由同一个波振面的震动所产生的，它们具有极好的同步性，并且波形有极大的相似性，这时 $x(i)$ 和 $y(i+k)$ 的交叉小波谱的能量也应达到最大。基于此，信号 x_i 和 y_i 的到时差的计算转化为一个优化问题，即函数 f_{obj} 取最大值时自变量 k 的取值，$k*\delta t$ 即为所求的到时差 TDOA：

$$f_{obj}(k) = |WT^x_{i+k}y_i(u, s)|^2 \tag{3-18}$$

因为信号的不连续性导致小波变换有边缘效应，在本书的分析中我们使用了

"影响锥"（the cone of influence，COI）降低边缘效应的影响。"影响锥"是一个形状类似锥形的区域，用以表示小波谱的存在边缘效应影响的区域。在本书的研究中，我们将信号不连续性引起的交叉小波能量谱在值 e^{-2} 以下区域视为影响锥边界。在交叉小波能量的计算过程中，将提出影响锥部分。同时，为了降低噪声对计算结果的影响，我们计算了红噪声假设下置信水平为95%的置信区间，即当使用蒙特卡罗方法计算时频域中的某点的交叉小波谱时，若该点交叉小波系数的强度可能由红噪声信号单独产生的概率低于5%，则该点属于计算交叉小波能量的有效点。

本节介绍的基于交叉小波的到时差计算方法计算流程如图3-2所示。

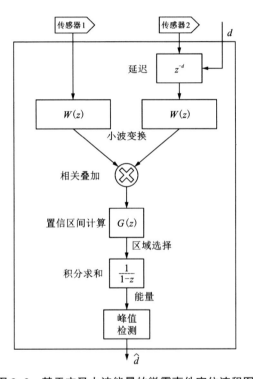

图3-2　基于交叉小波能量的微震事件定位流程图

图3-2描述了交叉小波能量法的计算过程。算法的输入来自传感器1和传感器2测量到的来自同一微震事件的信号，紧接着，延迟添加、小波变换、交叉谱计算、置信水平计算、影响锥处理、交叉小波谱所选区域的能量计算、最大交叉谱能量识别等一系列处理步骤逐一执行，每一步骤的详细过程描述如下。

①输入的两个信号 $x(i)$ 和 $y(i)$ 是同源信号，即来自矿山的同一微震事件被不同传感器监测得到。

②在滤波模块，两个信号使用两个带通滤波器 $H_1(z)$ 和 $H_2(z)$ 预处理，在一般情况下将 P 波可能频带之外成分过滤掉，此频率范围是基于微地震研究的先验值。

③延迟环节是对信号 $x(i)$ 加上时间延迟 d，对两个信号 $x(i+d)$ 和 $y(i)$ 施以莫莱小波为母小波的小波变换（采用 Morlet 小波对两个信号做了变换）。根据小波分析的思想，如果待分析信号和小波函数外形相似，则能得到较大的小波系数，而莫莱小波适当调整参数后其外形与微震信号相似，通过试验我们发现参数为 $w=6$ 的莫莱小波对应的中心频率和带宽与 P 波的特征可以更好地匹配，从而可以得到较好的特征提取结果。

④在"相关叠加"模块对两个小波的功率谱进行相干叠加。

⑤"置信区间计算"是计算出高置信区间 $\Omega(>95\%)$ 供下一步计算总功率时使用。这里采用的方法是假设背景噪声为"红噪声"，采用蒙特卡罗方法计算功率，在时频域 (x, y) 的位置，交叉小波系数所达到的强度由红噪声单独产生的概率低于 5%，则该点属于计算交叉小波能量的有效点。

⑥图中的"积分求和"模块是对选定的区域进行总功率计算，其计算公式为 $Q(d)=\sum\limits_{(x, y)\in\Omega}|f(x, y)|^2$，$Q(d)$ 表示信号 2 的延迟为 d 时置信区域 Ω 中的交叉小波谱的总功率，其中 $f(x, y)$ 表示的是在时间 x 和尺度 y 处的交叉小波谱的系数。

⑦在"峰值检测"模块，将对不同延迟情况下的交叉小波能量谱进行比较，识别出谱能量最大时的延迟值 $\bar{d}$。$\bar{d}$ 就是计算出的两个输入信号的到时差。

当得到多于 3 个不相关的到时差时，我们就可以根据波的传播方程求解出震源的位置。

3.2.2　试验流程

本试验采用的微震监测数据全部取自贵州开磷用沙坝磷矿[16, 17]。用沙坝磷矿海拔+1350 m，采掘深度已达到地下 700 m，属于深井采矿的范畴。顶底板主要由白云岩页岩和砂岩组成，矿体矿石主要是褐色磷矿石，岩性稳定致密。其密度为 3.22 t/m³，抗压强度为 147.89 MPa、抗拉强度为 4.46 MPa、抗剪强度为 36.67 MPa，弹性模量为 29.21 GPa，泊松比为 0.25，内摩擦角为 41.94°。20 余条强烈断层和 3 条矿脉的存在使得这一区域强烈失稳，特别是在金阳公路下的区域，故我们考虑在这一区域进行重点监测。鉴于本区域的工程地质条件、试验现场及可用预算和设备条件，最终采用了由南非 ISS(Integrated Seismic System) 公司开发的自动的数据化 32 通道的监测系统用于数据收集，如图 3-3 所示。

矿体中的传感器布置位置如图 3-4 所示，其具体坐标如表 3-1 所示。图 3-4 中的三角形表示了每个传感器的位置和标号，3 种不同颜色的曲线表示 3 条穿过

图 3-3　现场的微震监测系统

矿体的岩脉。表 3-1 中传感器位置坐标的测量采用 WGS84(world geodetic system 1984)坐标系统，其空间坐标系 $O-XYZ$ 被定义为：坐标系的原点 O 位于地球质心，X 轴指向 BIH 1984.0 的零度子午面和 CTP 赤道的交点，Z 轴指向(国际时间局)BIH 1984.0 定义的协议地球极（CTP）方向，Y 轴由 X 轴和 Z 轴通过右手规则确定。此坐标系的分辨率是 1 m。两个 3 轴传感器分别用 T_1、T_2 表示，分布在开挖深度最深的区域，其他的单轴传感器分别用数字 1~26 表示，基本均匀地分布在 3 个岩脉周围。因为在监测中采集的数据量较大，所以我们在试验中最终只采用了来自传感器 1、2、3、4、8、9、12、17、18 和 22 这 10 个传感器的数据，以验证方法的可行性。

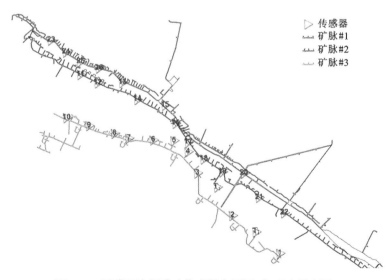

图 3-4　开磷用沙坝磷矿传感器布置图(扫码查看彩图)

表 3-1　用沙坝矿微震监测传感器布置坐标

传感器编号	位置和坐标	传感器编号	位置和坐标
T₁	930 中段 4#盘区 (381077.08, 2996000.01, 931.60)	T₂	930 中段 5#盘区 (381211.18, 2996464.83, 931.60)
1	930 中段 3#盘区 (380971.24, 2995790.77, 931.60)	14	1080 中段 N1#盘区 (381621.00, 2997310.74, 1081.60)
2	930 中段 4#盘区 (381092.19, 2996243.18, 931.60)	15	1080 中段 S1#盘区 381690.19, 2997074.72, 1081.60)
3	930 中段 5#盘区 (381299.97, 2996630.72, 931.60)	16	1080 中段 S1#盘区 (381573.54, 2996951.43, 1081.60)
4	930 中段 6#盘区 (381377.60, 2996790.61, 931.60)	17	1080 中段 S1#盘区 (381472.07, 2996783.25, 1081.60)
5	930 中段 6#盘区 (381447.91, 2996915.33, 931.60)	18	1080 中段 S2#盘区 (381400.84, 2996632.61, 1081.60)
6	930 中段 7#盘区 (381382.46, 2997072.65, 931.60)	19	1080 中段 S2#盘区 (381369.99, 2996436.86, 1081.60)
7	930 中段 7#盘区 (381317.12, 2997244.78, 931.60)	20	1080 中段 S2#盘区 (381398.59, 2996275.20, 1081.60)
8	930 中段 7#盘区 (381302.91, 2997376.85, 931.60)	21	1080 中段 S2#盘区 (381305.20, 2996087.08, 1081.60)
9	930 中段 8#盘区 (381277.24, 2997590.28, 931.60)	22	1080 中段 S3#盘区 (381274.89, 2995856.38, 1081.60)
10	930 中段 8#盘区 (381260.63, 2997779.54, 931.60)	23	1120 中段 N28 矿房 (381732.06, 2998077.64, 1121.60)
11	1080 中段 N1#盘区 (381612.53, 2997810.08, 1081.60)	24	1120 中段 N19 矿房 (381707.72, 2997975.13, 1121.60)
12	1080 中段 N1#盘区 (381606.62, 2997647.03, 1081.60)	25	1120 中段 N13 矿房 (381685.80, 2997859.31, 1121.60)
13	1080 中段 N1#盘区 (381684.58, 2997460.55, 1081.60)	26	1120 中段 N7 chamber (381701.09, 2997716.63, 1121.60)

　　在本书提出的到时差的识别方法中，我们进行了个例分析如单波试验，具体分析了每个微震波形的特性，以找到问题、分析规律、改进方法，之后又进行了

多组数据的统计试验，以说明我们提出方法的普遍可行性和鲁棒性。

3.2.3 单波试验

3.1 节我们提到了几种计算到时差的方法，其中两种相对法相比两种绝对法的优势是充分利用了同源信号的相似性，故我们在此个例分析中将相对法里的互相关法作为个例分析的参照，与我们提出的交叉小波分析法作对比，使用相同的微震事件数据进行对比分析。图 3-5 是在矿山由传感器 1 号和 12 号实际监测到的微震事件的同源信号曲线［传感器 1 号和 12 号的坐标：#1（380971.24，2995790.77，931.60），#12（381606.62，2997647.03，1081.60）］，传感器#12 相对于传感器#1 的坐标是（635.38，1856.26，150.00），距离是 1967.72 m。两个信号的采样时间是 1.5 s，采样频率 6000 Hz。

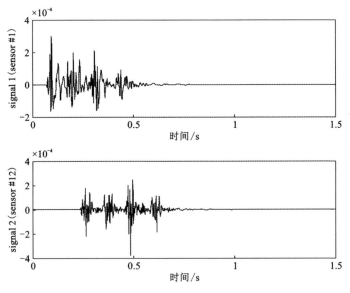

图 3-5 现场测到的两个原始信号

首先我们使用互相关函数来计算两个同源信号的相关性，进而通过互相关函数的最大值得到对应的到时差，结果如图 3-6(a)所示。我们看到，当对未添加白噪声的原始信号进行识别时，到时差识别结果是 0.166 s，同时发现波峰尖锐不平稳，说明此方法对于噪声较为敏感。图 3-6(a)的相关曲线显示两个明显的主峰值，说明微小的时间延迟或者误差即可引起较大的相关值的改变。为了研究算法对噪声的容忍程度，我们在测量到的原始信号上人工添加了 10 dB 的白噪声，再次进行互相关计算，结果如图 3-6(b)所示。从图中我们看到噪声的加入使得之前的曲线变得更为不平滑，存在大量的抖动，从而导致微小的时间平移量使得互相关值发生非常大的变化。而且，噪声的添加使得原来的局部极大点可能变成全局最大值点，从而导致计算到时差失败，如本例中由互相关法拾取到的到时差在加入噪声后由原来的 0.166 s 秒变为 0.203 s，这说明噪声对于此方法的影响较大，特别是在实际工程中会因为人工开采活动扰动等原因导致到时差计算失败。

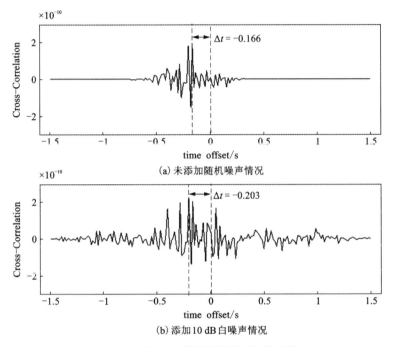

图 3-6　图 3-5 所示信号的互相关函数

我们使用本书提出的交叉小波能量法依照流程对同样的同源信号进行了分析和到时差的拾取。此方法的优点是既能利用小波的时频域分析功能和多尺度分析手段反映信号的特征，获取更多的信息，又能在一个针对微地震信号的确定的频段里进行信号的过滤和到时差的识别，并通过识别交叉小波能量谱的最大值得到到时差。因为微震信号的 P 波特有频率区间大致为 50~200 Hz[18, 19]（Li et al. 2008，Lu et al. 2008）。故在我们的方法中所选的周期区间为 1/0.5~1/0.0039063，即频率区间为 2~256 Hz。

图 3-7 展示了这两个原始信号和它们各自的小波变换谱。在小波谱图的处理过程中高能量区域用黑色的轮廓线围住，表示用红噪声检验的显著性水平为 5% 的区域，谱图下方的锥形区域表示影响椎，即为受边界效应影响的区域。

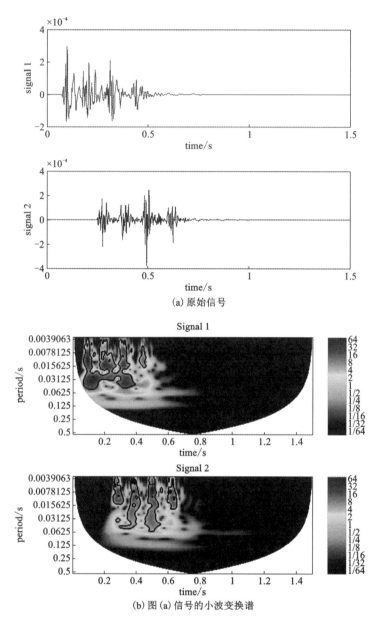

(a) 原始信号

(b) 图(a)信号的小波变换谱

图 3-7 图 3-5 原始信号和其小波能量谱，其中黑色粗线标示的区域为在红噪声假设下 5% 的置信区域，下部的边界弧线表示的是影响椎(COI)，以排除小波变化时的边界形变(扫码查看彩图)

当对图 3-5 中原始信号的第二个信号延迟-0.166 s 时，其信号及小波功率谱如图 3-8 所示。当 P 波到达时，在信号的小波谱中可以观察到明显的能量变化，这一变化具有鲜明的局部的频率特征。可以看到锥形区域内小波谱里有一大部分颜色较深的红色区域，表示此处微震事件的信号被拾取到，当信号平移的时候，对应的红色高能区域也随之移动相同的距离。

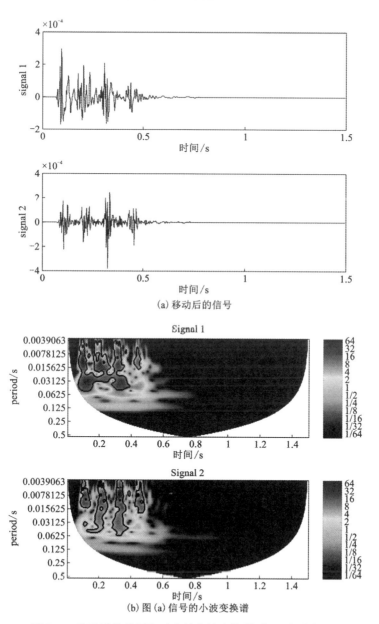

(a) 移动后的信号

(b) 图 (a) 信号的小波变换谱

图 3-8　移动后的信号和对应的小波变换谱(扫码查看彩图)

　　图3-7、图3-8所示的移动前和移动后的信号的交叉小波谱图如图3-9所示。与信号的小波谱相似，我们所关注的小波交叉谱的频段也集中在256 Hz以下，更高频率的成分一般认为是噪声信号，所以在计算中我们将其过滤掉，这是因为微震事件的 P 波频段一般认为集中在 50~200 Hz 频段[18, 19]。

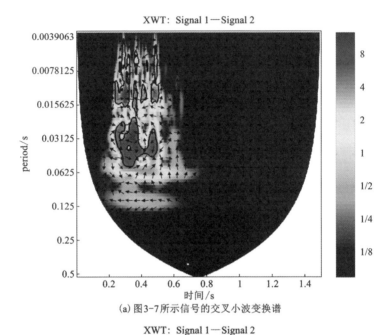

(a) 图3-7所示信号的交叉小波变换谱

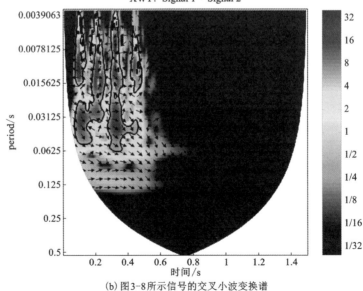

(b) 图3-8所示信号的交叉小波变换谱

图 3-9　交叉小波变换谱图 (扫码查看彩图)

对比图 3-9(a)和图 3-9(b)可以看出，当两个信号 P 波同步到达时，交叉小波谱的能量得到了很大的增强。这个现象提示我们，交叉小波谱的能量有可能替代相关函数作为衡量两个信号相关度的指标，并且还具有多尺度时频域分析等传统方法所没有的优越性。还可以选择确定频段的信号，利于我们有针对性地分析微震信号以获取更具体、更准确的信息。我们在不断平移信号的过程中，寻找交叉谱能量最大的位置，而此时的平移量就是两个信号的到时差。

类似于互相关法中使用互相关函数的值来衡量信号相似度并识别 TDOA 一样，在交叉小波方法中使用交叉小波谱的总能量对信号的相似度进行评判，进而求得到时差。

图 3-10 是一个个例分析，展示了用交叉小波能量法分析图 3-5 所示的一对信号的结果，对监测到的同源信号和人工添加 10 dB 白噪声后分别进行交叉小波变换，求得其能量曲线分别如图 3-10 所示。由图 3-10(a)可看出，对原始信号进行交叉小波变换处理后，其能量曲线十分平滑，有一明显的波峰，拾取到的到时差是 0.166 s，与之前使用的相关函数法拾取结果［图 3-6(a)］相同。添加 10 dB 白噪声之后的交叉小波能量曲线如图 3-10(b)所示，曲线仍然十分光滑，且只有一个波峰，局部和全局最大值容易分辨，拾取到的到时差仍然是 0.166 s，可见这种方法对噪声影响具有较强的鲁棒性，相比相关函数法，具有较好的稳定性。

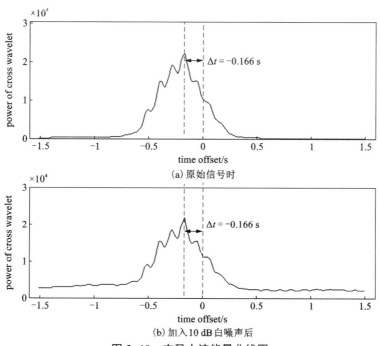

图 3-10　交叉小波能量曲线图

综上所述，在个例分析中，新提出的交叉小波能量谱法拾取到时差可以在时间−频率域内有针对性地提取特征信息，有效地滤除干扰杂音和噪声，并可以同时进行时域、频域分析和多尺度分析。经过单波分析的试验验证，具有较好的计算精度，特别是在有噪声干扰等情况下效果更佳。

一般来说，到时差拾取的改进必然会反映到更为精准的定位结果上。为了直接证明此方法在微震定位中的优越性，我们验证了用此方法确定一个震源的精准度。在我们的试验中，以人工拾取到的到时差为先验标准值，与类似的相关函数方法做对比，采用了 1 号、12 号、18 号和 22 号传感器监测到的信号数据，用 3 个到时差建立一组方程，使用牛顿迭代法求解，先后进行了到时差拾取和定位计算。P 波波速实测值为 5349.47 m/s 时，用 (x_r, y_r, z_r) 表示人工拾取的先验值计算的定位结果，(x_i, y_i, z_i) 表示用我们的方法计算出的定位结果，并使用公式 (3−19) 求取定位误差，计算结果如表 3−2 所示。

$$定位绝对误差 = \sqrt{(x_i - x_r)^2 + (y_i - y_r)^2 + (z_i - z_r)^2} \qquad (3-19)$$

表 3−2　在上述微震事件中互相关方法和交叉小波能量法的拾取结果表

传感器对	参考标准	互相关法	交叉小波能量法
1 & 12	−166 ms	−203 ms	−166 ms
1 & 18	45 ms	58 ms	47 ms
12 & 22	−26 ms	−17 ms	−25 ms
震源位置	(380949.5, 2996534.7, 875.9)	(381060.9, 2996595.7, 992.6)	(380955.1, 2996535.2, 882.8)

如表 3−2 所示，用提出的新方法计算出的微震源位置误差绝对值为 8.9 m，但是用互相关函数计算出的误差高达 172.5 m。说明本书提出的新方法极大地提高了在微震事件监测中的震源定位的精度。

3.2.4　统计试验

在本节统计试验中，多个传感器监测到的多起微震事件的数据将被使用，以验证新方法优越的性能和鲁棒性。我们从矿山监测现场选取了来自 5 个微震震源的 5 组测量数据，每组数据包含来自 1, 2, 3, 4, 8, 9, 12, 17, 18 和 22 号这 10 个传感器监测到的信号，其中任意两个监测同一震源的同一微震事件的两个传感器输出的信号都可识别出一个到时差。所以每组数据可以计算出 $C_{10}^2 = 45$ 个到时差，5 组数据共可得到 225 个到时差。我们使用本书提出的新方法与 2.2 节提到的现有的另外 4 种主流方法：互相关法、多重互相关法、长短时窗法和峰度法计算这 225 组到时差,通过大量的调查统计分析数据来说明各种方法的优越性。其中,长短时窗的采样数设置为 1000 和 500,峰度法的滑动时窗长度被设置为 200。到时差的精确值将按常规经验以人工拾取的先验数据作为参考值与其他方法进行对比,即假设一对传感器测到的某微震事件的到时差为 τ,而算法识别得到的到时差为 τ_{ident},由专家分析得到的到时差为 τ_{ref},则我们定义绝对识别误差如公式 (3-20) 所示:

$$\text{到时差绝对识别误差} = \left| \tau_{\text{ident}} - \tau \right| \approx \left| \tau_{\text{ident}} - \tau_{\text{ref}} \right| \tag{3-20}$$

在具体操作中到时差 τ 不可知,因此我们用专家分析得到的到时差 τ_{ref} 来代替 τ,由于统计所有误差的均值和方差用来表征每个方法的稳定性和准确性。对一个序列 $e_i(i=1, 2, \cdots, N)$ 来说,其公式如式 (3-21) 和式 (3-22) 所示:

$$\mu = \frac{1}{N} \sum_{i=1}^{N} e_i \tag{3-21}$$

$$S = \sqrt{\frac{\sum_{i=1}^{N} (e_i - \mu)^2}{N-1}} \tag{3-22}$$

其中:e_i 为第 i 个数据对的 TDOA 误差;N 为数据对的总数;μ 为 e_i 的均值;S 为 e_i 的方差。

同个体分析一样,传感器的采样频率为 6000 Hz,由专业地质人员测得的 P 波的波速为 5349.47 m/s,其他 4 种方法的参数设置如表 3-3 所示。

表 3-3　试验中所采用的对比方法及其参数表

方法名称	公式	参数	方法类型
长短时窗法	$\underset{l}{\text{Max}} \dfrac{\left(N_{\text{LTA}} \sum_{i=l-N_{\text{STA}}}^{l} x_i^2\right)}{\left(N_{\text{STA}} \sum_{i=l-N_{\text{LTA}}}^{l} x_i^2\right)}$	$N_{\text{LTA}} = 1000$ $N_{\text{STA}} = 500$	绝对法
互相关法	$\underset{l}{\text{Max}} \dfrac{1}{N} \cdot \sum_i x_i \cdot y_{i+l}$	N 为 x_i 的长度	相对法
互相关 & 自相关	$[u_i] = \text{auto} - \text{correlation}(x_i, x_i)$ $[w_i] = \text{cross} - \text{correlation}(x_i, y_i)$ $\underset{l}{\text{Max}} \, 1/N \cdot \sum_i u_i \cdot w_{i+l}$	N 为 x_i 的长度	相对法
高阶统计法	$\underset{l}{\text{Max}} \dfrac{(N-1) \sum_{i=l}^{l+N_h-1} \left(x_i - \sum_{j=l}^{l+N_h-1} x_j\right)^4}{\left(\sum_{i=l}^{l+N_h-1} \left(x_i - \sum_{j=l}^{l+N_h-1} x_j\right)^2\right)^2}$	$N_h = 200$	绝对法

其中各种方法的参数选择是在可能参数空间中遍历尝试后得到的最优结果。225 个到时差识别结果的统计数据如表 3-4 所示，以对比这些方法的鲁棒性和准确性。

表 3-4 到时差 TDOA 的绝对误差表　　　　单位：ms

试验方法	SNR items	+inf（No noise）	20 dB	10 dB	5 dB
互相关法（A）	均值	3.2	3.7	5.7	12.8
	标准差	5.6	6.5	7.3	18.5
多重互相关法（B）	均值	2.4	3.7	5.1	11.6
	标准差	4.4	4.6	6.6	15.9
长短时窗法（C）	均值	5.9	6.2	9.4	14.8
	标准差	8.2	12.5	16.1	23.3
kurtosis 方法（D）	均值	3.1	5.7	8.5	14.3
	标准差	6.2	7.5	12.1	31.5
交叉小波能量法（E）	均值	1.5	2.1	1.9	2.1
	标准差	2.1	2.7	3.2	3.4

由表 3-4 可知，提出的新方法在有无添加噪声的情况下误差的平均值皆较小，而且其他 4 种方法显示出了被不同程度噪声影响的特点。同时新方法计算出了最小的误差方差值，图 3-11 是不同方法在不同噪声情况下拾取到时差的误差箱图（图 3-11 是根据计算结果画出的误差情况图，图中用颜色表示不同的方法，同时在横坐标上也进行了区分，A=长短时窗法，B=互相关方法，C=多重互相关法，D=交叉谱方法；书中对 4 种不同信噪比的情况进行了比较，相同信噪比的比较作为一组，并在 x 轴上进行了标记。从图中可以看出：随着信噪比的下降，这 4 种方法的精度都不同程度地有所下降；在同一信噪比水平，精度水平从高到低依次为长短时窗法<互相关方法<多重互相关法<交叉谱方法；小波交叉谱方法定位结果的准确性和对噪声的容忍度明显优于其他 4 种方法）。

随着信噪比从无穷大到 5 dB，5 种方法的到时差识别误差和方差皆随之增大，其中，偏度峰度法增大幅度最大，其次是长短时窗法，说明这两种方法比较容易受噪声的影响，鲁棒性有待提高。相关函数法和多重相关法在计算过程中表现较为接近，多重相关法因为在相关函数法之前多了自相关的步骤，一定程度上消除了部分噪声的影响，所以计算结果精度有所提高。但是本书提出的新方法表现出了明显的优越性，表现为误差均值较小，误差的方差较小，体现了集中度高、

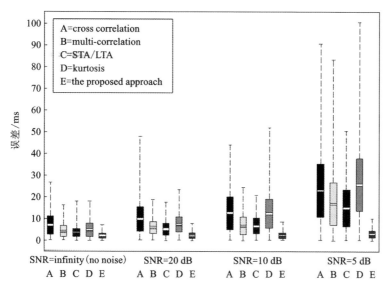

图 3-11　5 种方法在不同的噪声情况下定位误差比较图(扫码查看彩图)

抗噪性能较好的优点。

我们用拾取的到时差进一步计算了 5 个微震事件的位置,以验证定位结果的准确性,数据设置如下:

(1)对每个微震事件,每次从监测到的 10 个传感器数据中随机选取 4 个,并使用上述 5 种方法确定此 4 个传感器数据相互之间的到时差。

(2)将识别出的到时差代入公式(3-2),可获得 3 个独立的方程,使用牛顿迭代法解方程并得到震源位置坐标。10 个传感器选取出的四个传感器数据的不同组合(一共 C_{10}^4)共有 210 种,计算出这 210 种传感器数据组合的定位结果,以专家拾取结果代入方程求解出的震源位置作为参考标准,用这 210 个定位误差的均值和方差来表示方法的精度。如果经上述过程计算出的震源位置是 P_x,手动拾取的先验到时差计算到的位置是 P_{baseline},那么绝对误差可被表示为:

$$绝对误差 = |P_x - P_{\text{baseline}}| \tag{3-23}$$

5 种方法的定位误差如表 3-5 和图 3-12 所示。从表 3-5 和图 3-12 中可见新方法的误差均值和方差都明显低于传统方法,也即定位结果更准确,多次定位更可靠。可见,新方法从个例分析和统计试验两方面都体现出了较好的性能优越性、计算精准度和抗噪鲁棒性。

表 3-5　不同方法定位微震事件的误差表　　　　　　单位：m

方法	事件编号项目	event 1	event 2	event 3	event 4	event 5
A	均值	55.16	28.76	33.28	43.15	53.50
	标准差	66.28	38.14	23.67	32.43	51.71
B	均值	26.79	16.25	20.81	26.41	21.89
	标准差	25.46	11.02	27.52	33.26	24.31
C	均值	28.91	11.89	26.45	18.71	16.98
	标准差	26.25	22.65	13.82	31.16	13.16
D	均值	26.41	18.34	28.97	29.68	31.62
	标准差	23.27	18.91	21.06	21.29	38.66
E	均值	8.03	5.68	11.21	15.62	14.39
	标准差	16.57	9.39	14.32	20.23	10.07

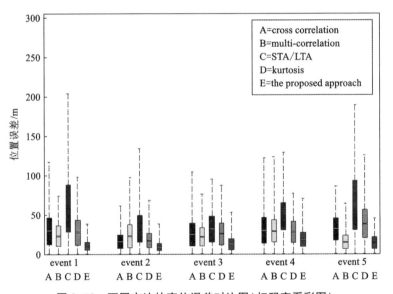

图 3-12　不同方法的定位误差对比图(扫码查看彩图)

3.3　基于深度学习的到时拾取方法

深度学习是近年来人工智能领域的研究热点之一，并且已经在图像识别、语音识别、自然语言处理、计算机视觉等诸多传统人工智能技术遇到瓶颈的领域取得了巨大成功。深度学习与传统机器学习方法最大的不同在于它能从大数据中自动学习特征，而不需人工介入。

基于上述观察和启发，本节内容采用卷积神经网络(CNN)算法，在上一节内容基础上，以微震定位中监测到的波形的小波交叉谱作为输入，并进一步将其分为能量谱图和相位谱图，使其在网络训练过程中主动学习两个波形同步时其谱图的图像特征，充分挖掘海量数据中隐藏的更多有价值的潜在信息，提取出更加丰富和有表现力的特征，给出更加准确的综合的衡量相关度的指标，以最终取得更好的拾取结果。

3.3.1　理论介绍

初至波拾取是地震信号处理的关键环节，高精度的初至自动拾取是微地震监测的重点和难点问题。目前，对于低信噪比微地震事件主要是采用人工手动拾取初至波的方法。自动拾取方法的研究也一般以手动拾取的结果为先验值。但是手动拾取效率太低，且较多依赖于人工经验等不稳定因素，所以发展准确有效的自动拾取方法十分必要。

到目前为止，地震信号初至波的自动拾取方法主要有能量比法、赤池信息准则(AIC)算法、神经网络法、分形维数法、数字图像处理法、相关法等[20-24]。能量比法利用时窗滚动来计算能量比值，根据比值特征判断初至波，有长短时窗能量比法，前后时窗能量比法等。AIC 算法是基于自回归模型假设的一种算法，因为在微地震事件真正的波至时间处，噪声信号和微地震信号统计性质差别较大，因此在最小平方意义下这两种信号的拟合度最差，对应的 AIC 值最小，所以可以通过计算 AIC 值并选择最小 AIC 值对应的点作为两种不同平稳序列的分界点[25]。神经网络[26]作为一种非线性建模和模式识别方法，具有良好的非线性品质，极高的识别精度，灵活而有效的学习方式，完全分布式的存储结构和模型结构的层次性，已广泛地应用于模式识别、语音识别、智能控制、信号处理、生物工程、非线性优化领域，并显示出它的巨大潜力。

深度学习的方法则是一种通过多次、非线性的组合低层特征从而形成更加抽象的高层特征，以发现数据的分布式特征表示的多层次神经网络。深度学习主要包含了深度信念网络 DBN、卷积神经网络 CNN、自编码器 autoencoder 等算法。根据 Palm 2002 年用深度信念网络、Autoencoder 和卷积神经网络 CNN 3 种方法对 the MNIST database 数据集进行识别的试验结果，可知 3 种方法误差率分别为 67%、71%和 22%，CNN 有着比其他两种方法更好的表现[27]。因为 CNN 里的局部感知野和权值共享功能可以有效地减少参数加快训练速度，并将前一级输出的特征作为下一级的输入特征，最后得到的是经过网络学习获取的高层抽象特征。基于该特征，可以设计算法完成模式识别、拟合等智能任务。而两个信号在不同到时差情况下的交叉小波谱图也有较为显著的变化，可以借助卷积神经网络所擅长的识别位移、缩放及其他形式扭曲不变性的二维图形的特点，实现准确的到时差识别[28]。因此，我们设计了基于卷积神经网络的到时差拾取算法。

一个完整的卷积神经网络包含 3 类成分：卷积层、降采样层和全连接层。

（1）卷积层

卷积层是模仿人类的视觉细胞建立的，和以往的神经网络相比，它具有两个方面的特点：一方面是卷积层的神经元间的连接是局部的，这就有效地降低了计算的开销；另一方面卷积层中的神经元之间的连接是共享的，从而降低了存储的开销。这种局部连接和权值共享的网络结构更类似于生物神经网络，从而使得 CNN 的性能与众不同。从功能上来看，卷积层的作用就是将输入特征图通过卷积运算映射到输出特征图，从而达到增强特征的目的。

（2）降采样层

降采样层的作用是利用图像局部相关性的原理，对图像进行抽样，从而在减少数据处理量的同时保留有效的特征信息。常用的降采样方式主要有两种：均值法和最大值法。均值法就是取一个区域中所有像素点的均值作为这个区域的代表，而最大值法则是取一个区域中所有像素点的最大值作为这个区域的代表。图 3-13 描述了使用两种方法降采样的过程。

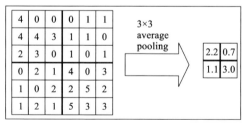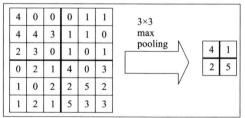

图 3-13　均值法和最大值法降采样过程

（3）全连接层

全连接层作为卷积神经网络的最后一层，一般采用前向-反馈神经网络结构（feed-forward NN）。其输入的是一个特征向量，该特征向量是由上一层特征图

（feature map）向量化后得到。输出可以是分类值或者是拟合值，视具体应用而定。

在研究 TDOA 识别的过程中，当滑动窗口滑动时小波交叉谱会随之发生变化，当滑移的距离等于 TDOA 时，小波交叉谱的一些特性十分明显。这些特性和其他潜在的特性可以通过深度学习的卷积神经网络学习，因此，选用卷积神经网络来自动地发现这些特征并来计算 TDOA。

3.3.2　模型构建

在基于交叉小波谱的 TDOA 拾取方法中，交叉小波谱的总能量被用作特征来衡量两个信号的最佳匹配。而交叉小波谱的其他信息，例如能量在时–频域的分布特点、相位信息等，没有充分地利用起来。考虑到图像的特征发现正是近年来兴起的深度学习领域的突破点，本章我们提出对到时差信息进行"特征变换"的思想，即将不易拾取的到时差信息，用交叉小波变化将其转换为 2D 的时频信号，然后构造卷积神经网络模型实现到时拾取。

算法的总框架设计如图 3–14 所示。深度学习的步骤主要分为 3 部分，输入部分、CNN 计算部分和输出部分，分别阐述如下。

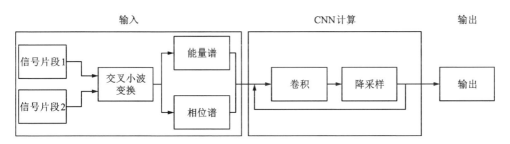

图 3–14　基于深度学习的 TDOA 识别方法的流程图

（1）输入部分

在基于深度学习的 TDOA 拾取算法的输入部分，外来输入数据是由两个传感器采集到的震动信号。由第 2 章的理论可知，两个信号片段通过交叉小波变换后可以得到一个交叉小波谱。而在本章中，为了便于后续的深度学习模块对交叉小波谱进行处理，我们将此交叉小波谱分为了能量谱图和相位谱图两个部分，并用这两个图作为神经网络的输入。具体过程为：在每个信号上抽取一个片段，片段的长度固定为 833 ms，而片段的起始点是变化的。为了方便描述，我们将信号片段 $x \sim (x+833)$ ms 称为信号的 x ms 时间窗。在输入信号的处理过程中，我们将在信号 1 上取固定的时间窗，而在信号 2 上取滑动的时间窗，滑动窗口以固定步长在整个信号上进行滑移，滑移的步长设置为 1/600 s，滑移的区域根据信号采集系统的特性设置为 −500/6000 s 到 +500/6000 s 之间(因为信号采集系统在每个传感器处确定微震发生后而采集一段信号)。在每个滑动位置都可以得到一个能量谱和一个相位谱，下面在图 3−15 中我们给出了一个例子，用来展示能量谱和相位谱随两个信号片段的偏移量变化而变化的过程。

在图 3−15 中，我们画出了信号 1 的 0 ms 时间窗分别和信号 2 的 0 ms 时间窗、16.7 ms 时间窗和 33.4 ms 时间窗成对后，二者对应的相位谱和能量谱，同样红色代表能量最高，蓝色代表能量最低，分别如图 3−15(a)、图 3−15(b)、图 3−15(c)所示。从图中可以看出，随着信号 1 和信号 2 的信号片段偏移的变化，能量谱中黑色轮廓围起来的高能区域的面积在不断缩小，而相位谱中高能区域的面积却在不断增长。这说明在滑移过程中是有某种规律可循的，但是这种规律并不太直观，我们不能充分认识和量化及使用这些规律。在上一章中我们仅用能量谱中的高能区域的总能量来衡量两个信号段的相似度，对于很多其他信息未能很好地利用，接下来我们将使用卷积神经网络来提取更多隐含的特征信息，用以改善 TDOA 拾取的精度。

(2)CNN 计算部分

对于输入的每一对信号片段，我们将其交叉小波频谱图输入至经过大量样本学习的卷积神经网络 CNN 模块，然后输出一个相关程度值。输出的值与两个信号片段的同步程度有直接关系，当输出达到最大时，两个信号的偏移量即为我们所求的 TDOA。

深度学习模块，如图 3−16 所示，由一个 5 层的卷积神经网络和其后的全互联神经网络构成。卷积神经网络架构有 5 层，包括 2 个卷积层，2 个降采样层和 1 个向量展开层。图中的方框表示的是特征图，是连接前后两个神经网络层的关键。

图中方框上标示的"h * k"字样(如 84 * 500)表示特征图的大小。卷积层的参数都包含在一组称为卷积核的数据结构当中，实现从输入特征图变换到输出特征图。我们设置的卷积核的尺寸为 5×5。卷积层卷积核的数目为输入特征图的个数与输出特征图的个数的乘积。在我们设计的计算模型当中，输入特征图为两个信号片段的交叉小波能量谱和交叉小波相位谱，他们的大小都为 500 * 84，其中水平轴表示的是时间分量即交叉小波变换的时间变量，表示时间宽度 833 ms；在纵向，第 i 个点($i<=84$)表达的是频率为 $2 * 2^{(i/12)}$ Hz 的交叉小波谱的成分。在我们设计的模型中，经过第一个卷积层后，输出 6 个特征图。特征图的尺寸由输入时的(h * k)变为(h−5+1) * (k−5+1)，也即由 500 * 84 变为 496(=500−5+1) * 80(=84−5+1)，这是由卷积的原理和卷积核的尺寸所确定的。而在这一层，共需要 12 个卷积核(=输入特征图的数目×输出特征图的数目)，这些卷积核会在

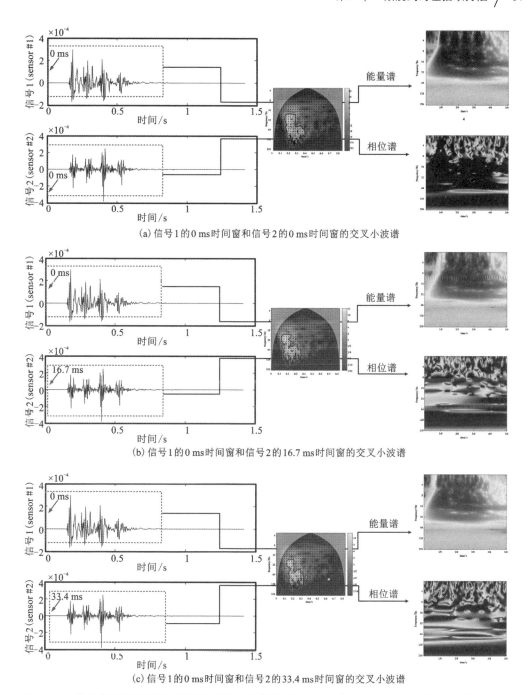

（a）信号1的0 ms时间窗和信号2的0 ms时间窗的交叉小波谱

（b）信号1的0 ms时间窗和信号2的16.7 ms时间窗的交叉小波谱

（c）信号1的0 ms时间窗和信号2的33.4 ms时间窗的交叉小波谱

图 3–15　输入部分的过程图示（当滑动窗口分别移动 0、16.7 和 33.4 ms 时）（扫码查看彩图）

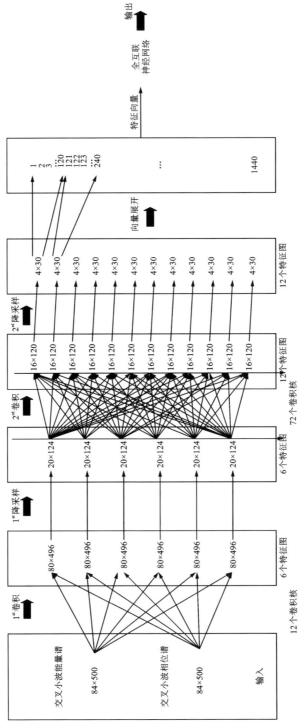

图 3-16　计算 TDOA 的卷积神经网络的结构模型

训练的过程中不断地修正权值，并最终实现精确的特征提取。

在经过第一个降采样层后，这里我们选择了平均值方法来实现降采样，特征图的尺寸由输入时的 496 * 80 变为了 124 * 20，特征数据的量减少为 1/16。

接下来的两层以完全相似的方式来进行计算，先进行一次卷积再进行一次降采样，区别之处是输入特征图的规模由原来的 500 * 84 变为了现在的 124 * 20，输入特征图的数量由原来的 2 个变为现在的 6 个；而输出特征图的规模由原来的 496 * 80 变为了现在的 120 * 16，输出特征图的数量由原来的 6 个变为现在的 12 个。最后，我们将 12 个输出特征图进行向量化并串联起来，构成了 CNN 输出的特征向量输入至全互联神经网络。全互联神经网络用来实现将输入特征向量映射到最终的输出，而该输出值用来评价两段输入信号的相似度。

我们以一个真实的算例来说明这一计算过程，如图 3-17 所示。图中的输入是由两个信号片段产生的交叉小波的能量谱和相位谱。而 CNN 的每一层的输入和输出都是特征图，在 CNN 网络的最后输出部分，将输出的特征图进行了重新排列，得到了下一步全互联神经网络计算需要的特征向量。全互联神经网络以 CNN 输出的特征向量作为输入，经过拟合计算，得出了两个信号片段的相似性。

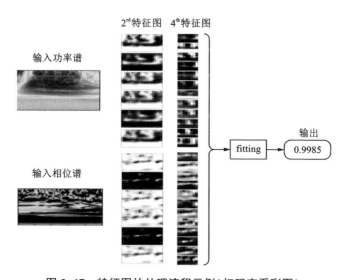

图 3-17　特征图的处理流程示例(扫码查看彩图)

(3)输出部分

对于由固定窗口和滑动窗口切出的一对确认信号片段，在卷积神经网络计算之后将有一个相应的输出，因此通过滑动窗口的不断移动将获得一系列神经网络输出。CNN 的最大输出值的对应滑移量是两个信号的 TDOA。实际 CNN 输出值(黑点)和 CNN 参考输出(黑色曲线)与滑动量的比较如图 3-18 所示。

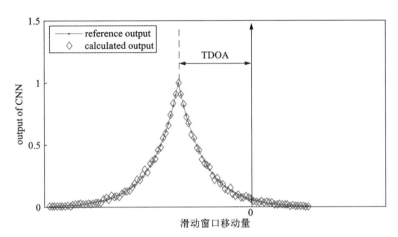

图 3-18　算法的输出随着信号 2 的窗口滑动量的变化曲线

在图 3-18 中，水平轴表示信号 2 的窗口的滑动量，垂直轴表示深度学习模块的输出值。其中的点线是由公式（3-24）计算出的 CNN 的参考输出，也即网络的期望输出，而菱形是经过训练后系统的实际输出，该值是对两个信号窗口中的信号段的同步程度和相似性的总体的量化评价。

$$f(t) = \exp(-\rho \cdot |t - TD|) \tag{3-24}$$

其中：t 是信号 2 的窗口的滑动量；TD 是两个信号 TDOA 的标准值，由有经验的专家手动标记；参数 ρ 用来调整算法的特征发现能力，式中取 $\rho = 1000$。在图 3-6 中由虚线标记的曲线上的最大点意味着最佳相似性和同步性，并且相应的滑动量就是算法得到的 TDOA。

本方法充分利用了交叉小波谱的相位信息、振幅及其他潜在的初至波到达时的特征，采用胜出规则反推出到时差的拾取结果。实验结果表明本章节提出的方法具有较高的精度，且能主动学习信号特征，能较好地克服微震信号强度小、信噪比低的问题。

3.3.3　计算实例

为了验证本章提出的方法的有效性，在贵州开磷磷矿施行了爆破实验并使用该方法对监测数据进行了 TDOA 拾取和定位分析，然后与其他常用的同类方法的结果进行了对比。因为现场地质情况、实验设置、设备、爆破点、传感器安装等内容与前几章相同，在此不再赘述，在本章中我们仅将此方法的训练和测试过程加以描述，并将此方法计算出的数据和其他方法对比的结果进行分析。

（1）训练部分

1）输入和输出数据描述

在训练部分，共 10 个传感器记录的 10 个微震事件的数据被用于训练神经网络，传感器的标号为 1、2、3、4、8、9、12、17、18 和 22。如前文所述，对于监测设备采集到的每对波形，我们分别设定一个固定窗口和一个滑动窗口在一对输入信号上，窗口涵盖了 P 波的波前，信号 2 的滑动窗口随机移动 5 次可随机得到 5 个信号片段，这 5 个信号片段分别和信号 1 的固定窗口中的信号片段组合并求出交叉小波谱图，用来训练卷积神经网络。所以在训练过程一共使用了 10×C（10，2）×5＝2250 对信号片段，所以输入数据的数量也为 2250。输入数据是两个信号片段的能量谱和相位谱。当滑移量为 t_i 时根据公式（3-1）计算出 CNN 的目标输出。

2）训练和验证过程

卷积神经网络本质上也是一种智能拟合，即在训练过程中逐步地建立起从输入到输出的映射。它可以仅仅利用已知的数据进行训练，而不需要输入和输出之间的数学模型，最终可以学习到精确的映射关系。我们的卷积神经网络执行的是监督训练，对每对信号，在它们中各自抽取一个信号段计算交叉小波谱并作为 CNN 的输入，然后以公式（3-1）计算出的理想输出来指导 CNN 的训练过程。这个过程可以分成两个部分，即正向传播阶段和反向传播阶段。

①正向传播阶段。

在这一阶段，网络采用的是自下而上的数据传播方式。具体方法是，先将特征矩阵作为第一层的输入，训练时先学习第一层的参数，由于 CNN 的结构特点，网络经过训练后会对原始输入进行一定程度的抽象，从而得到比原输入表达能力更强的输出；在经过第 n-1 层后，将 n-1 层的输出作为第 n 层的输入，再开始训练第 n 层的连接权值。不断重复这个过程便可得到各层的连接权值。

在全互联神经网络层，对样本集中的第 p 个学习样本 (X_p, Y_p)，其中 X_p 表示样本的特征矩阵，Y_p 表示网络输入为 X_p 时的理想输出。CNN 网络计算得到的实际输出记为 O_p。在此阶段，信息从输入层经过逐级的变换，传送到输出层。这个过程也是 CNN 在完成训练后正常运行时执行的过程。在此过程中，网络执行的运算可由公式（3-25）表达：

$$O_p = F_n(\cdots(F_2(F_1(X_p W^{(1)}) W^{(2)})\cdots) W^{(n)}) \tag{3-25}$$

其中：F_i 代表不同的网络层；$W^{(i)}$ 为 F_i 所对应的网络层的连接权值矩阵。

②反向传播阶段。

在这一阶段，网络变为了自顶向下的监督学习，即根据 CNN 的理想输出和 CNN 的实际输出，计算误差并自顶向下传输，对网络参数进行调整。基于上一步得到的各层参数进一步调整模型的参数，这一步是一个有监督的训练过程；计算

实际输出 O_p 与相应的理想输出 Y_p 的差值，并按极小化误差的方法调整权矩阵。在这里，我们用公式(3-26)计算第 p 个训练样本的误差测度 E_p：

$$E_p = \frac{1}{2}(Y_p - O_p)^2 \tag{3-26}$$

而将网络关于整个样本集的误差测度 E 定义为：

$$E = \sum_p E_p \tag{3-27}$$

这里训练数据的 20% 也就是 450 组信号片段被用于验证。

每次完成一定数量的样本训练后，算法判断总体误差 $E \leqslant \varepsilon$ 是否成立，以确定 CNN 模型参数是否满足精度要求，其中 ε 是预先定义的误差上限，算法中取为 10^{-6}。如果不满足，就继续迭代训练过程；否则，训练过程完成。如果算法长时间不能收敛，算法也会结束训练，并输出相关信息告知用户。

训练结束后，将权值和阈值保存在文件中。这时各个连接的权值已经达到稳定状态，分类器可用，可以正常拾取到时。此后，可直接从文件导入权值进行到时拾取和进一步学习，无须从头开始。

（2）测试部分

在测试阶段所用的数据是来自 8 个爆破事件的传感器监测数据[29]。与训练阶段相同，每对波形上分别设定一个固定窗口和一个滑动窗口，窗口涵盖了 P 波的波前，分别从两个波形中取到了波形片段。在每一个滑动位置，都会得到一个交叉小波谱，然后将交叉小波谱分为能量谱图和相位谱图，作为卷积神经网络的输入。在这个步骤中滑动窗口的滑移范围是 $[-5/60, 5/60]$ s，这个范围是我们对所记录的微震数据统计分析得到的，因为这个范围可以涵盖大部分 TDOA（这里并不是说 TDOA 的绝对值在上述区间，而是经过监测设备预处理的波形其偏移在上述区间，再加上两段波形的采集时间差才为 TDOA）。滑动步长为 $1/600$ s，因此在每对信号的计算过程中，滑动窗口共移动 100 次。对于每个爆破事件，任意两个传感器检测到的波形都存在一个 TDOA，故每个爆破事件的 TDOA 的数量是 C(num, 2)，这里"num"表示有效传感器的数量。每个爆破事件给 CNN 产生的输入的数量是 C(num, 2)×100。对于 8 个爆破事件，根据它们各自的有效的传感器数，如表 3-6 所示，总共可以得到 103200 个 CNN 有效输入。而每 100 个 CNN 输出将会选择出一个最佳匹配窗口并得到一个 TDOA，因此共可得到 1032 个 TDOA。

表 3-6　每个爆破事件监测到的有效信号

事件编号	有效的传感器编号	传感器数/个	TDOA 数/个
1	3, 4, 5, 6, 7, 8, 9, 10, 12, 13, 14, 15, 16, 17, 24, 25, 26, 27, 28	19	171
2	4, 8, 9, 10, 11, 12, 15, 16, 24, 25, 26, 28	12	66
3	1, 2, 3, 4, 5, 8, 15, 16, 17, 18, 19, 20, 21, 22, 27, 28	16	120
4	3, 4, 5, 6, 7, 8, 9, 10, 11, 12, 13, 15, 16, 17, 24, 25, 26, 27, 28	19	171
5	2, 3, 4, 5, 6, 7, 8, 9, 10, 15, 16, 17, 18, 24, 25, 26, 27, 28	18	153
6	1, 3, 4, 5, 6, 7, 8, 9, 10, 14, 15, 16, 17, 24, 25, 26, 27, 28	18	153
7	3, 4, 5, 6, 7, 8, 9, 10, 12, 13, 15, 16, 17, 24, 25, 26, 27, 28	18	153
8	7, 8, 9, 10, 15, 16, 23, 24, 25, 26	10	45

（3）计算结果与分析

为了验证基于深度学习的 TDOA 拾取方法的优越性，我们用贵州开磷磷矿的现场微震监测数据进行了测试，同时与 4 种传统方法的拾取结果进行了对比。共选取了来自 5 个微震震源的监测数据，每组数据包含来自 1、2、3、4、8、9、12、17、18 和 22 号这 10 个传感器监测到的信号，其中的任意两个监测同一震源的同一微震事件的传感器输出的信号都可识别出一个到时差。所以每组数据可以计算出 $C_{10}^2 = 45$ 个到时差，5 组数据共可得到 225 个到时差。到时差的误差的统计结果如表 3-7 所示。从表中可以看到，本书方法得到的到时差的绝对值的平均误差为 1.16 ms，标准差为 1.59，远远小于其他 4 种传统方法。

表 3-7　不同方法获得的到时差的绝对值的统计结果对比表　　单位：ms

方法	统计结果	
互相关法	均值	3.29
	标准差	5.61
多重互相关法	均值	2.42
	标准差	4.41

续表3-7

方法	统计结果	
STA/LTA	均值	5.96
	标准差	8.25
Kurtosis	均值	3.18
	标准差	6.21
XWT-DL	均值	1.16
	标准差	1.59

到时差的误差分布图如图 3-9 所示，其中水平轴为误差区间，垂直轴为落在该误差区间的样本数量。从图中可以看出，大多数样本的误差值集中在 0 附近，极个别情况下误差值接近 4 ms。

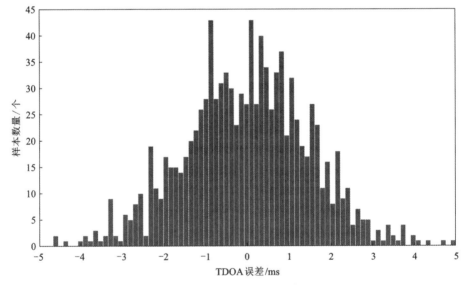

图 3-19 到时差的误差分布图

图 3-19 显示了计算的卷积神经网络的实际输出和期望输出的分布情况及其回归曲线，其中回归值 R 是输出和目标之间的相关性的表征量。如果 $R=1$，则在统计学上意味着它们之间是完全的线性关联；如果 $R=0$，则在统计学上意味着它们是随机关系。需要注意的是，卷积神经网络的输出是当给定时间延迟后根据公式(3-24)计算出的值，而不是 TDOA 值。从图 3-20 中可以看出，$R=0.98541$，表明神经网络可以很好地发现特征并给出了恰当的相似度评价。

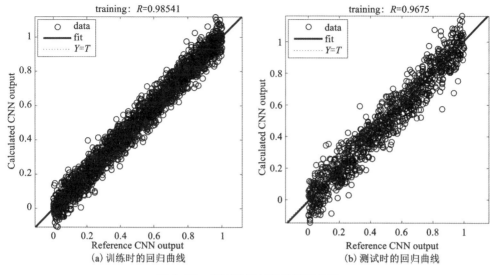

图 3-20　卷积神经网络的回归曲线

此外，我们同样采用了爆破实验来验证算法对微震事件定位的准确性，共计做了 8 次爆破实验。对每个爆破事件，事先标定其位置，而后以传感器记录到的波形数据作为输入，通过基于深度学习的 TDOA 识别方法获取波形间的 TDOA 数据。最后利用 TDOA 数据联立方程组求出爆破事件的位置，并与事前标定的位置进行比较从而得出算法的误差。同时，我们对其他 4 种方法，即互相关法、多重互相关法、长短时窗法和高阶矩方法进行了相同的实验，用以比较算法的性能。实验结果如表 3-8 所示，表中的第 1 列代表了不同的爆破事件，表中的第 1 行则代表不同的定位方法，表的中间部分是 8 个爆破事件的定位误差，也就是计算出的位置和标定位置的欧几里得距离，表的最后一行列出了平均误差，也即每种方法对 8 个爆破事件定位误差的平均值。

表 3-8　5 种不同方法定位误差比较表　　　　　单位：m

序号	互相关法	多重互相关法	STA/LTA	kurtosis 法	XWT-DL
1	20.17	17.06	33.05	16.83	5.62
2	18.09	17.01	31.24	19.10	9.85
3	19.79	18.51	24.56	20.23	9.16
4	24.13	22.49	31.56	17.30	12.23
5	21.22	20.39	21.14	24.70	12.68
6	23.79	22.59	23.71	16.33	7.23

续表3-8

序号	互相关法	多重互相关法	STA/LTA	kurtosis 法	XWT-DL
7	21.72	20.09	17.19	20.17	10.55
8	18.86	17.82	22.06	23.05	6.94
平均值	20.97	19.50	25.56	19.71	9.28

从表中我们看出，基于深度学习的 TDOA 识别方法平均误差最低，为 9.28 m，长短时窗法定位误差最高，为 25.56 m，互相关法、多重互相关法和高阶矩方法的定位误差分别为 20.97 m、19.50 m 和 19.71 m，都高出基于深度学习的定位方法。

参考文献

[1] JIANG F, KUANG Y, ASTROM K. Time delay estimation for TDOA self-calibration using truncated nuclear norm regularization [C]. 2013 IEEE International Conference on Acoustics, Speech and Signal Processing (ICASSP). IEEE, 2013: 3885-3889.

[2] ZHONG S, XIA W, HE Z, et al. Time delay estimation in the presence of clock frequency error [C]. 2014 IEEE International Conference on Acoustics, Speech and Signal Processing (ICASSP). IEEE, 2014: 2977-2981.

[3] NISTOR S, BUDA A S. Ambiguity resolution in precise point positioning technique: A case study [J]. Journal of Applied Engineering Sciences, 2015, 5(1): 53-60.

[4] HUANG L, JACOB R J, PEGG S C, et al. Functional assignment of the 20 S proteasome from Trypanosoma brucei using mass spectrometry and new bioinformatics approaches [J]. Journal of Biological Chemistry, 2001, 276(30): 28327-28339.

[5] WALDHAUSER F, ELLSWORTH W L. A double-difference earthquake location algorithm: Method and application to the northern Hayward fault, California [J]. Bulletin of the Seismological Society of America, 2000, 90(6): 1353-1368.

[6] KNAPP C H, CARTER G C. The generalized correlation method for estimation of time delay [J]. IEEE Trans Acoust, Speech, Signal Processing, 1976, 24: 320-327.

[7] YANG K O, CHAN J Y. Source location in plate by using wavelet transform of AE signals [C]// 14th International AE Symposium & 5th AE World Meeting (Vol. 4). Hawaii, 1998: 9-14.

[8] CARTER G C. Coherence and time delay estimation [J]. Proceedings of the IEEE, 1987, 75(2): 236-255.

[9] HUANG Y T, BENESTY J. Audio Signal Processing for Next-Generation Multimedia Communication Systems [M]. Kluwer Academic, 2004.

[10] 何先龙, 赵立珍. 基于多重互相关函数分析剪切波速 [J]. 岩土力学, 2010, 31(8): 2541-

2545.

[11] 陈栋，李楠，李保林. 矿山微震信号到时精确拾取研究[J]. 煤炭技术，2016，2016：103-105.

[12] CORREIG A M, URQUIZú M. Some dynamical characteristics of microseism time-series[J]. Geophysical Journal International, 2002, 149(3)：589-598.

[13] SOBOLEV G A, LYUBUSHIN A A, ZAKRZHEVSKAYA N A. Synchronization of microseismic variations within a minute range of periods[J]. Izvestiya Physics of the Solid Earth, 2005, 41 (8)：599-621.

[14] FENG Z, LIANG M, CHU F. Recent advances in time-frequency analysis methods for machinery fault diagnosis：a review with application examples[J]. Mechanical Systems and Signal Processing, 2013, 38(1)：165-205.

[15] HUANG L Q, LI X B, DONG L J, et al. Micro-seismicity monitoring and sound source position in anisotropic media[J]. Dongbei Daxue Xuebao/journal of Northeastern University, 2015, 36：238-243.

[16] HUANG L Q, HAO H, LI X B, et al. Micro-seismic Monitoring in Mines Based on Cross Wavelet Transform[J]. Earthquakes and Structures. 2016, 11(6)：1143-1164.

[17] HUANG L Q, HAO H, LI X B, et al. Estimation of TDOA with Cross Wavelet Analysis[C]. Australian Earthquake Engineering Society 2016 Conference, Nov 25-27, Melbourne, Vic.

[18] LI Z M, GOU X M, JIN W D, et al. Frequency feature of microseimic signals[J]. Chinese Journal of Geophysical Engineering, 2008, 30(6)：830-834.

[19] LU C P, DOU L M, CAO A Y, et al. Research on microseismic activity rules in Sanhejian coal mine[J]. Journal of Coal Science and Engineering (China), 2008, 14(3)：373-377.

[20] AKRAM J, EATON D W. A review and appraisal of arrival-time picking methods for downhole microseismic data[J]. Geophysics, 2016, 81(2)：KS71-KS91.

[21] CHEN Z, STEWART R. Multi-window algorithm for detecting seismic first arrivals：Abstracts, CSEG National Convention, 2005：355-358.

[22] HAN L, WONG J, BANCROFT J. Time picking on noisy microseismograms[C]. Proceedings of the Geo Canada 2010 Convention-Working with the Earth, Calgary, AB, Canada, 2010：4.

[23] 张楚旋，李夕兵，董陇军，等. 三函数四指标矿震信号 S 波到时拾取方法及应用[J]. 岩石力学与工程学报，2015，34(8)：1.

[24] 张楚旋，李夕兵，董陇军，等. 顶板冒落前后微震活动性参数分析及预警[J]. 岩石力学与工程学报，2016，2016(S1)：3214-3221.

[25] VRIEZS S I. Model selection and psychological theory：a discussion of the differences between the Akaike information criterion (AIC) and the Bayesian information criterion (BIC)[J]. Psychological methods, 2012, 17(2)：228.

[26] 王金峰，罗省贤. BP 神经网络的改进及其在初至波拾取中的应用[J]. 物探化探计算技术，2006，28(1)：14-17.

[27] PALM R B. Prediction as a candidate for learning deep hierarchical models of data[R].

Technical University of Denmark, 2012.

[28] HUANG L Q, LI J, HAO H, el al. (2018). Micro-seismic event detection and location in underground mines by using Convolutional Neural Networks (CNN) and deep learning. Tunnelling and Underground Space Technology, 81, 265-276.

[29] HUANG L Q, LI J, HAO H, et al. Monitoring Blasting Events in an Underground Mine with Artificial Intelligence Techniques. SHMII-8 Conference-"Structural Health Monitoring in Real-world Application", 5-8 December 2017, Queensland University of Technology, Brisbane, Australia.

第4章　微震传感器布置的优化设计

在实际定位中，速度模型、到时差拾取、传感器布置、定位算法等因素都不同程度地影响着定位精度。合理的传感器布置方案不仅通过监测到更有效的数据直接影响着定位精度，还可以通过降低到时、波速模型等数据误差对震源定位精度产生影响，提高震源定位算法的稳定性和精度。本章首先介绍工程中常规采用的传感器布置原则，然后介绍在常规方法的基础上使用较为广泛的两种传感器布置优化原则，最后提出一种基于 k-means 聚类算法的传感器布置方案，并通过设计定位算法开展模拟实验和现场试验对布置方案的有效性进行验证。

扫码查看本章彩图

4.1　常规传感器布置原则

目前，传感器布置方面的研究主要集中在传感器位置的布局优化或布网方面，但是关于传感器与震源的相对位置关系和传感器布局对定位的影响机理的研究则相对较少[1]。通常，传感器布局优化主要集中在：①传感器的布局方式，此类研究较多，也是目前传感器优化的主要内容；②需要的传感器的总数，也称为监测系统的规模[2-5]。确定监测系统的规模时，需要重点考虑介质的衰减特性，由于微震信号的信噪比较低，传感器距离震源较远时受到干扰较大，测到的信号可能极差，甚至不能使用。因此，传感器的数量和布局都要与传播介质的衰减特性相匹配，保证足够多数量的传感器和尽可能有效的数据能够参与到定位计算中。同时，除了考虑技术参数外，系统的建设、安装和维护成本也是一个重要影响因素。在项目预算允许的情况下，原则上监测系统的规模越大，可供利用的有效数据越多，获得精确震源位置的可能性就越高[6, 7]。

在工程实践中，传感器通过主台站、副台站和电缆光缆等设备连接在中央处理器上，通过监测所在位置的声发射信号给出我们定位分析和计算的依据。一般来说，传感器既要安装在可能发生岩爆等危险矿震的大区域，使其能够监测到微震事件，又要回避可能发生矿震的危险点，且选择比较稳固、岩性较好的安装点进行钻孔安装，使其不至于在矿震中被损坏，能够更长久和有效地发挥作用，为了确保信号有效传输，每个传感器之间或者主台站、副台站之间距离要小于 300 m。

4.2　基于 TOPSIS 的传感器布置方案

影响传感器布设方案选择的因素种类多、差异大，在保证对方案描述有效性的前提下，应选取影响性较大且可以直接获取的指标进行分析，同时所选指标应不相关或线性相关性较低。微震监测研究一般由多方科研人员共同完成，业主方较为关心的是经济条件和工程条件，而科研方较为关心技术条件。结合开阳磷矿微震监测传感器安装过程中遇到的具体情况，提出如下微震传感器布设方案综合评价（O）指标体系（即目标层），包括经济条件、技术条件、工程条件 3 个准则层，经济条件（P_1）从设备购置费（x_1）及安装费用（x_2）2 个指标进行分析；技术指标（P_2）从监测有效性（x_3）、水平方向定位误差（x_4）、竖直方向定位误差（x_5）及灵敏度（x_6）4 个指标进行分析；工程条件（P_3）从施工安装难易程度（x_7）及对采矿施工的干扰（x_8）2 个指标进行考虑，以上评价指标亦可根据待评对象具体情况而增减。

为了最大程度地避免权重确定得过于片面导致分析结果错误，本决策先用较为成熟的 AHP 方法计算各指标常权重，再采用变权计算对各方案指标权重进行细化，得到各指标具体状态值下的权重。决策者在计算常权向量之后根据变权理论的基本定义，若因素状态向量 $\boldsymbol{X}=(x_1, \cdots, x_n)$ 满足归一性、连续性、单调性的变权映射 $w_j(j=1, \cdots, n)$，$[0, 1]^n \rightarrow [0, 1]$，$(x_1, \cdots, x_n) \rightarrow w_j(x_1, \cdots, x_n)$，则 $\boldsymbol{W}(\boldsymbol{X})=[w_1(\boldsymbol{X}), w_2(\boldsymbol{X}), \cdots, w_n(\boldsymbol{X})]$ 称作一组变权向量，其 n 维惩罚型状态变权向量满足：

$$x_i \geqslant x_j \Rightarrow S_i(\boldsymbol{X}) \leqslant S_j(\boldsymbol{X}) \tag{4-1}$$

式中：$S_j(\boldsymbol{X})$ 对每个变元连续（$j=1, \cdots, n$）。

若变权向量 $\boldsymbol{W}(\boldsymbol{X})$ 满足：

$$\boldsymbol{W} \cdot \boldsymbol{S}(x) = \boldsymbol{W}(x) \cdot \sum_{j=1}^{n} [w_j S_j(\boldsymbol{X})] \tag{4-2}$$

则映射 $\boldsymbol{S}: [0, 1]^n \rightarrow [0, 1]^n$，$\boldsymbol{X} \rightarrow \boldsymbol{S}(\boldsymbol{X})=[S_1(\boldsymbol{X}), \cdots, S_n(\boldsymbol{X})]$ 为其 n 维惩罚型状态变权向量。

将公式（4-1）修改为 $x_i \geqslant x_j \Rightarrow S_i(\boldsymbol{X}) \geqslant S_j(\boldsymbol{X})$，可定义激励型状态变权向量。$m$ 维实函数的状态变权向量可由具有连续偏导数的均衡函数求得，针对变权向量的两种类型,惩罚(激励)型均衡函数可根据实际情况,先确定均衡函数的形态及各指标权重与其状态值之间的变化关系,再选取调整因子进行构造。

由此可构造状态变权向量:

$$S_j(x) = S(x_1, \cdots, x_n) = \frac{\partial B(x)}{\partial(x_j)} \tag{4-3}$$

再由公式(4-2)计算出变权向量 $\boldsymbol{W}$。

TOPSIS 评判主要涉及指标集 $\boldsymbol{X}$、方案集 $\boldsymbol{A}$、加权标准化决策矩阵 $\boldsymbol{C}$ 和权重 $\boldsymbol{W}$ 4 大要素,根据这 4 个要素可计算出虚拟的最优解和最劣解,最后由各待评价方案和最优解的距离来评判方案综合优越度。

(1)初始评价矩阵。设传感器布设方案个数为 m,每个待评方案都有 n 项指标,据此建立初始评判矩阵:

$$A = (x_{ij})_{m \times n} = \begin{bmatrix} x_{11} & x_{12} & \cdots & x_{1n} \\ x_{21} & x_{22} & \cdots & x_{2u} \\ \vdots & \vdots & \vdots & \vdots \\ x_{m1} & x_{m2} & \cdots & x_{m2} \end{bmatrix} \tag{4-4}$$

(2)决策矩阵的归一化。决策矩阵中各数据有不同的量纲和单位,应对矩阵进行归一化处理以保证因素之间的可比性。

构造标准化决策矩阵:

$$\boldsymbol{B} = (b_{ij})_{m \times n} \tag{4-5}$$

效益型指标:

$$b_{ij} = \frac{x_{ij} - \min(x_{ij})}{\max(x_{ij}) - \min(x_{ij})} \tag{4-6}$$

成本型指标:

$$b_{ij} = \frac{\max(x_{ij}) - x_{ij}}{\max(x_{ij}) - \min(x_{ij})} \tag{4-7}$$

(3)加权标准化决策矩阵。由矩阵 $\boldsymbol{B}$ 和权重 $\boldsymbol{W}$ 的相应项相乘得到加权标准化决策矩阵:

$$C = \begin{bmatrix} w_1 b_{11} & w_2 b_{12} & \cdots & w_n b_{1n} \\ w_1 b_{21} & w_2 b_{22} & \cdots & w_n b_{2n} \\ \vdots & \vdots & \vdots & \vdots \\ w_1 b_{m1} & w_2 b_{m2} & \cdots & w_n b_{mn} \end{bmatrix} \tag{4-8}$$

(4)综合优越度计算。正、负理想解可表示为:

$$\begin{cases} C^+ = \{(\max_j c_{ij} \mid x_j \in J_1), (\min_j c_{ij} \mid x_j \in J_2)\} \\ C^- = \{(\min_j c_{ij} \mid x_j \in J_1), (\max_j c_{ij} \mid x_j \in J_2)\} \end{cases} \tag{4-9}$$

式中：C^+ 和 C^- 分别表示正、负理想解；J_1 和 J_2 分别表示越大越优型指标集和越小越优型指标集。

计算评判对象与最优理想解的距离：

$$\begin{cases} d_i^+ = \sqrt{\sum_{j=1}^{n} (c_{ij} - c_j^+)^2} \\ d_i^- = \sqrt{\sum_{j=1}^{n} (c_{ij} - c_j^-)^2} \end{cases} \qquad (4-10)$$

式中：d_i^+ 和 d_i^- 分别表示评判对象与最优解和最劣解的距离；c_i^+ 和 c_i^- 分别表示最优解和最劣解中相对应的元素。

方案贴近度：

$$e_i^+ = \frac{d_i^-}{d_i^+ + d_i^-}, \ 0 \le e_i^+ \le 1 \qquad (4-11)$$

e_i^+ 即方案贴近度，e_i^+ 越接近 1，表明该方案和理想解集越接近。

4.3　基于主成分分析的传感器布置方案

要建立一个科学、合理的评价指标体系，在确定评价指标时，由于主成分分析法可以有效避免信息的交叉和重叠，消除了各指标之间相关性对结果的影响，不需要考虑指标的独立性，所以应充分全面地考虑系统建设和运行阶段的各种影响因素，尽量选取更多的评价指标，以使评价结果更加准确。

根据微震系统构建和运行时的实际需求，从经济方面考虑设备购置费（X_1）、设备安装费（X_2）和系统维护费（X_3）3 项经济指标，从技术方面考虑水平方向定位误差（X_4）、竖直方向定位误差（X_5）、灵敏度（X_6）、重点监测区域覆盖率（X_7）和系统有效服务年限（X_8）5 项技术指标，可根据评价对象的实际情况进行指标的增减。

设有 n 个待评价的微震台网布置方案，每个方案共有 p 个相关指标，构成一个 $n{\times}p$ 阶的样本数据观测矩阵 $X_{n{\times}p}$。

$$X_{n \times p} = \begin{bmatrix} x_{11} & x_{12} & \cdots & x_{1p} \\ x_{21} & x_{22} & \cdots & x_{2p} \\ \vdots & \vdots & \vdots & \vdots \\ x_{n1} & x_{n2} & \cdots & x_{np} \end{bmatrix} \qquad (4-12)$$

主成分分析（principal component analysis，PCA）是一种数据降维的有效方法，借助正交变换将以原 p 个指标变量为坐标轴的坐标系进行旋转，新坐标轴代表数据变异性最大的方向。各新指标两两之间正交，且指标两两之间的协方差为 0，从而消除了信息的重叠。选取前 m 个 $(m<p)$ 新变量替换原始的 p 个变量，新变量是原始变量的线性组合，进而实现了对多维变量系统的降维处理。在舍弃少量次要信息的情况下，以少数的综合变量取代原有的多维变量，以最大方差为基础确定主成分，再利用方差贡献率法对其进行客观赋权，得到各评价方案的综合指标值，达到对高维变量系统进行最佳综合与简化的目的。

（1）数据预处理

根据所选指标的特性可将指标分为 2 种类型，一种是效益型（正）指标，其数值越大越好，另一种是成本型（负）指标，其数值越小越好。为了保证这 2 类指标对方案优劣性评估的一致性，需要对原始数据指标进行指标类型一致化处理，使处理后的数据具有同向的趋势，以归纳统一样本的统计分布特性。

由于所选取的原始经济和技术指标量纲不统一且变量数量级差别较大，需对指标数据作无量纲化处理。通常使用的无量纲化方法有标准化、均值化和极差正规化等方法，然而采用数学方法推导出经数据处理后的相关系数没有发生变化，但方差发生了改变，必然造成信息的损失。以往较少考虑方差变化的大小，直接采用标准化方法进行数据处理。采用极差正规化法，在消除指标量纲差异的同时，将正向和负向指标一致化，再利用协方差矩阵求得主成分，以期减少无量纲化之后的信息损失。将原始指标矩阵 X_{np} 转换成一致化指标决策矩阵 Z_{np}。

成本型指标极差正规化：

$$Z_{ij} = \frac{\max\limits_{1 \leqslant i \leqslant n}(x_{ij}) - x_{ij}}{\max\limits_{1 \leqslant i \leqslant n}(x_{ij}) - \min\limits_{1 \leqslant i \leqslant n}(x_{ij})} \tag{4-13}$$

效益型指标极差正规化：

$$Z_{ij} = \frac{x_{ij} - \min\limits_{1 \leqslant i \leqslant n}(x_{ij})}{\max\limits_{1 \leqslant i \leqslant n}(x_{ij}) - \min\limits_{1 \leqslant i \leqslant n}(x_{ij})} \tag{4-14}$$

式中：$\max\limits_{1 \leqslant i \leqslant n}(x_{ij})$ 为第 j 个负向变量的最大值；$\min\limits_{1 \leqslant i \leqslant n}(x_{ij})$ 为第 j 个正向变量的最小值。

（2）计算协方差矩阵及其特征值和特征向量

令 $\Delta_j = \max\limits_{1 \leqslant i \leqslant n}(x_{ij}) - \min\limits_{1 \leqslant i \leqslant n}(x_{ij})$，数据极值正规化处理后的方差 $D(z_j) = Dx_j/\Delta_j^2$，一致化决策矩阵 $Z = [Z_1, Z_2, \cdots, Z_p]$ 中 p 个指标两两之间的协方差为：

$$\mathrm{Cov}(Z_i, Z_j) = E[(Z_i - E[Z_i])(Z_j - E[Z_j])] \tag{4-15}$$

各变量两两之间以及各变量与其自身的协方差组成了一个 $p \times p$ 阶的协方差矩阵 Σ。矩阵内的元素为：

$$\Sigma_{ij} = \frac{1}{n-1} \sum_{k=1}^{n} (Z_{ki} - \overline{Z}_i)(Z_{kj} - \overline{Z}_j) \tag{4-16}$$

其中，若 i 和 j 为正向变量，则：

$$\bar{Z}_i = \sum_{k=1}^{n} \left(x_{ki} - \min_i x_{ki} \right) / n = \frac{\bar{x}_i - \min_i x_{ki}}{\Delta_i} \tag{4-17}$$

若 i 和 j 为负向变量，则：

$$\bar{Z}_i = \sum_{k=1}^{n} \left(\max_i x_{ki} - x_{ki} \right) / n = \frac{\max_i x_{ki} - \bar{x}_i}{\Delta_i} \tag{4-18}$$

利用式(4-16)可以得出协方差矩阵 $\boldsymbol{\Sigma}$，计算其特征值——特征向量对(λ_1, e_1)，(λ_2, e_2)，$\cdots$，(λ_p, e_p)，其中 $\lambda_1 \geqslant \lambda_2 \geqslant \cdots \lambda_p \geqslant 0$，$e_i = [e_{i1}, e_{i2}, \cdots, e_{ip}]^{\mathrm{T}}$。此时第 i 个主成分(即综合指标)可表示成以特征向量 e_i 为系数的原始指标的线性组合：

$$F_i = e_i Z = e_{i1} Z_1 + e_{i2} Z_2 + \cdots + e_{ip} Z_p \tag{4-19}$$

此时各主成分的方差等于协方差矩阵的特征值且主成分彼此之间互不相关，所以主成分的排名按特征值的大小顺序排列。

(3)确定主成分贡献率和综合评价值

$p \times p$ 阶协方差矩阵 $\boldsymbol{\Sigma}$ 的 p 个特征值的和等于总方差，也等于各主成分的方差之和。即

$$\sum_{i=1}^{p} \mathrm{Var}(Z_i) = \lambda_1 + \lambda_2 + \cdots + \lambda_p = \mathrm{Var}(F_i) \tag{4-20}$$

因此将第 k 个主成分的方差占总方差的比例称为第 k 个主成分的信息贡献率，记为 w_k，前 m 个主成分的方差和占总方差的比例称为前 m 个主成分的累计贡献率，记为 α_m。则：

$$w_k = \lambda_k \bigg/ \sum_{i=1}^{p} \lambda_i \tag{4-21}$$

$$\alpha_m = \sum_{i=1}^{m} \lambda_i \bigg/ \sum_{i=1}^{p} \lambda_i \tag{4-22}$$

一般情况下当 α_m 接近 1(一般取 0.85)时，选择前 m 个主成分(综合指标)代替原始的 p 个指标进行综合评价，在保留了绝大部分原始信息的同时实现了多维变量系统的降维处理。利用 w_k 作为主成分 F_k 的权重系数，这是基于原始数据本身的差异，避免了主观权重的误差，是一种更科学、更简便的赋权方法。最后利用 w_k 求得各方案的综合评价值。

4.4　基于 k-means 聚类算法的传感器布置方案优化

在微震定位计算中，传感器数据是所有算法的基础。而在长期的研究中我们

发现，传感器数据的可信程度是不同的，也即有的传感器数据误差较大，有的误差较小。并且，传感器的可信度不是恒定不变的，会随着具体的环境和一些偶然事件或者人类活动的影响而发生变化。由定位计算的过程我们可知，如果能够剔除一些可信度低的传感器数据，并适当地选择定位方程，那么就可能提高微震定位的精度。基于这样的思想，我们提出了一种新的定位方法——二次定位法。在本节我们先介绍基于可信度的数据剔除方法，下一节我们介绍传感器位置的分析和二次定位算法。

为了剔除可信度低的传感器数据，我们采用了投票法[8]（voting method）和约束法[9]（constraint method）。

投票法：一般情况下，对于某个微震事件，我们可以认为大多数传感器的数据是正常的，而其中有一小部分数据由于系统误差、人类活动、环境影响或某些偶然因素而具有较高的误差。那么，我们期望设计一种方法，能够发现这些可信度低的数据并将它们从计算过程中剔除，从而提高定位计算的精度。这个算法是基于概率原理，即大多数传感器数据是正常数据，采用投票的方式自动地选择出高可靠性的传感器数据。具体的过程如算法 4-1 所示。

算法 4-1　投票法

输入：传感器 i 的坐标 (x_i, y_i, z_i)，TDOA(t_{ij})，$(i, j = 1, 2, \cdots, N)$。

输出：高可信度的传感器。

步骤 1：为每个传感器设置一个 credit 变量，并初始化为 0；对于任意的 4 个传感器，利用 (x_i, y_i, z_i) 和 t_{ij} 建立方程并求得一个候选位置，因此，共有 $M = C(N, 4)$ 个候选位置。

步骤 2：使用 k-means 聚类法对步骤 1 求出的空间中的 M 个点进行聚类（聚类参数 $K = 2$），点的相似性采用欧几里得距离。

步骤 3：如果最大簇的直径符合精度要求，则跳转至步骤 4；否则令 $K = K+1$，并跳转至步骤 2。

步骤 4：如果在最大簇中的点是由传感器 S_1，S_2，S_3，S_4 定出的，则将传感器 S_1，S_2，S_3，S_4 的 credti 值加 1。

步骤 5：按照 credit 值对所有的传感器进行排序，选出传感器中具有较大的 credit 的 80% 做进一步计算。

在这里，需要已知传感器的坐标和传感器间的到时差（对于给定的微震事件），这也是实际微震定位中需要首先解决的问题，传感器的坐标可以通过仪器设备测定，是不变量；到时差的求解我们在后面的章节中会单独讨论。然后我们列出所有可能的 4 个传感器的组合（因为 4 个传感器是在三维空间定位震源所需数据的最小数目），共可以得到 $C(N, 4)$ 个不同的结果，其中 N 为传感器的总数，如算法 4-1 中的步骤 1 所示。然后，我们使用 k-means 聚类法[10]求出最大的簇，也即绝大多数的 4 传感器组合所确定的位置都落在了该簇中，从概率意义上来说，这个簇的中点就是一个可信度有所提升的定位结果。

在候选位置的聚类过程中，我们使用了 k-means 算法，其实现过程为：

输入：M 个点的坐标 (x_i, y_i, z_i) $(i=1, \cdots, M)$，簇的数目 K。

输出：点 i 的簇号 NO_i。

步骤 1：在 M 个点中随机地选择 K 个点作为质心集合的初始值。

步骤 2：将每个点指派到最近的质心，形成 K 个簇，即为 NO_i 赋值。

步骤 3：重新计算每个簇的质心。

步骤 4：若簇没有发生变化或达到最大迭代次数转步骤 5；否则，转步骤 2。

步骤 5：返回 NO_i。

对于 k-means 算法使用过程中的一些细节问题，我们讨论如下。

（1）参数 k 的确定

k-means 算法的一个核心参数就是首先选择 k 个初始质心，而 k 需要由使用者显示的设置。这就要求算法的使用者必须对数据的特征非常地熟悉，能够指出数据集中包含的簇的数目。但在我们的微震定位研究中，对每一个具体的微震事件，我们不可能由研究人员实时地确定数据的分簇情况。一般对于这一问题，存在如下几种解决方案。

1）由其他算法提供 k

在实践中经常会用到的一种方法是采用嵌套聚类算法大致确定满足要求的簇的数目，而后将这一结果输入 k-means 算法当中作为初始输入，并进一步计算以获得更优的结果。

2）采样试探法

采样试探法是通过不断地尝试不同的 k 来找到合适的簇数目。具体方法为：给定一个 k 值，对数据集进行多次采样得到多个子集，每个子集使用 k-means 方法对聚类的结果进行比较，若差异较大，则说明 k 值不合理。重复上述步骤直到找到合适的 k 值。

3）使用 canopy 算法进行初始划分

基于 canopy 的 k-means 算法分为两个阶段：第一个阶段选择简单、计算代价较低的评价函数计算个体间的相似度，并将认为相似的个体归入一个集合，该集合也称为 canopy。计算完成后，得到若干这样的 canopy，canopy 之间有可能会有重叠，但每个个体至少会属于某一个 canopy。第二个阶段，在每个 canopy 内部使用 k-means 算法。该方法的优点主要是极大地降低了需要做相似计算的个体对数目，给出了簇的数目的一个合理参考值，这在一定程度上克服了选择 k 值的盲目性。

而我们提出了一种自适应的方法：从 $k=1$ 开始，不断地执行 k-means 算法，并根据聚类结果的直径判断是否不需要将 k 值增加以进一步细分类别。这种自适应方法的优点是显而易见的，它不再需要使用者设置数据集合簇结构的信息，从而减少了引入误差的可能。

（2）距离的度量

聚类的一个核心问题就是点与点之间距离的计算，一般常用的方法有：欧氏距离法和余弦相似度法。它们两个都是计算个体差异的大小。由于欧氏距离法跟采用的计量单位相关，因此需要对数据进行标准化。在此基础上，欧氏距离法可以很好地反映出数据之间的异同；采用余弦相似度法计算则不受计量单位的影响，这也是其主要的优点，其度量值在 $[-1,1]$ 的范围内，值越大，则说明两个个体越相似，相反地，值越小，则两个个体的差异越大。而我们在计算中使用了欧氏距离法。这是因为在我们的微震定位问题中，空间的两个三维点即使保持它们的距离不变在空间移动，它们的余弦相似度也在不停地变化。而我们实际上只关注两个点的距离，这与我们期望达到的目的是不一致的。

对于簇的质心的计算，我们采用了较为常用的均值算法，即对特征向量各维取算术平均值。相应地，我们采用了如下的结束条件，当目标函数不再减小或者算法达到了最大的迭代次数，则终止执行。我们的目标函数值为所有个体到其簇质心的欧氏距离的和：

$$\min \sum_{i=1}^{k} \sum_{x \in C_i} \| x - \mathrm{center}(C_i) \| \tag{4-23}$$

其中：C_i 为第 i 个簇；$\mathrm{center}(C_i)$ 为簇 C_i 的质心；x 为簇 C_i 中的点；$\| * \|$ 为取欧氏距离的符号，并对簇 C_i 中的所有点和所有簇求和。

如果由传感器 S_1，S_2，S_3 和 S_4 定出的震源位置属于最大的簇，则增加它们的 credit，如算法（4-1）中的步骤 4 所示。最终，对所有的传感器按刚才计算过程得到的 credit 值进行排序，其中较为可靠的 80% 的传感器将被用来做进一步的定位计算。

理论上讲，k-means 算法总是在找到使其目标函数最小的簇。当簇的形状是数学所谓的凸多面体，且簇与簇之间距离较大、而簇的尺度又相差不大时，算法的分类质量是较高的。并且，k-means 算法执行效率非常高，速度快，可扩展性好。但该算法也存在缺点，例如对初始质心的位置、噪声和异常数据点敏感等。因此，我们还需要其他技术配合来对孤立点和噪声进行处理，以提高算法的稳定性。

约束方法：假定 S_1 和 S_2 为两个传感器，O 为微震源。由三角形的边长约束关系, 即两边之和大于第三边, 我们容易得到约束不等式(4-24)。

$$D_1 - D_2 \leqslant S_1 S_2$$
$$D_2 - D_1 \leqslant S_1 S_2$$
(4-24)

其中: $S_1 S_2$ 指的是两个传感器之间的距离; D_1 和 D_2 分别为传感器 S_1 和传感器 S_2 到微震源 O 的距离。我们将公式(4-24)两端同时除以波的传播速度 v, 并进行化简, 可以得到不等式(4-25):

$$|t_1 - t_2| \leqslant \frac{S_1 S_2}{v}$$
(4-25)

这里 $S_1 S_2$, t_1, t_2, v 都是已知的变量。而任意两个传感器数据都存在这样的一个不等式, 因此, 我们总共可以得到 $C(N, 2)$ 个传感器约束不等式。在算法(4-2)中, 两个传感器数据被代入到相应的不等式当中。如果他们满足不等式, 则不做任何操作, 如果他们不满足不等式, 则将他们剔除, 这个过程在算法 4-2 中进行了详细的描述。算法的返回值是一个可靠的数据集合。在上述过程执行完成后, 再对剔除的传感器数据进行复活, 如果传感器 A 和可靠传感器集合中的每一个都符合不等式约束, 则将其加入可靠传感器集合中。

算法 4-2 约束法

输入: 传感器坐标(x_i, y_i, z_i), 到时$(t_i, i=1, 2, \cdots, N)$, 波速 v。

输出: 可靠传感器集合 Q。

步骤 1: $i=1$; $Q=\{1, \cdots, N\}$。

步骤 2: $j=i+1$。

步骤 3: 若 $|t_i-t_j|>\mathrm{sqrt}[(x_i-x_j)^2+(y_i-y_j)^2+(z_i-z_j)^2]/v$, 则 $Q=Q-\{i, j\}$。

步骤 4: $j=j+1$; 若 $j \leqslant N$, 则跳转至步骤 3。

步骤 5: $i=i+1$; 若 $i<N$, 则跳转至步骤 2。

步骤 6: 返回集合 Q。

对于约束法和投票法的执行顺序必须加以注意。如果先执行约束方法, 则可能由于某个具有极大误差的数据会使得其他正常数据被剔除。因此, 投票法应当先于约束方法执行, 以避免这种情况的发生。

4.5 传感器的位置分析及二次定位验证

4.5.1 研究思路

微震波的传播速度是 v, 它可以事先通过实验测定。而定位问题可以用经典的匀速传播模型描述为：

$$D_i = \sqrt{(a_i - x)^2 + (b_i - y)^2 + (c_i - z)^2} = v(t_i - t) \qquad (4\text{-}26)$$

式中：第 i 个传感器坐标为 (a_i, b_i, c_i) $(i = 1, 2, \cdots, N)$ 是已知的，N 为传感器的总数；D_i 表示传感器 i 到震源的距离，它一方面等于传感器 i 的坐标 (a_i, b_i, c_i) 与微震源坐标 (x, y, z) 的计算距离，另一方面它又等于微震事件由震源传播到传感器处所用的时间 $(t_i - t)$ 与波速 v 的乘积。由传感器 i 和 j 建立的两个方程 (4-26) 两端做差可以得到方程 (4-27)：

$$D_i - D_j = v(t_i - t_j) \qquad (4\text{-}27)$$

　　而微震源的位置可以由方程组 (4-26) 求解得到，理论上在三维空间中定位至少需要 3 个独立的方程或者说 4 个传感器数据；而二维空间则减少至 2 个独立方程或者 3 个传感器数据。求解方程的方法目前存在大量的研究成果。在传统的定位算法中，所有传感器的数据被不加选择和区分地使用来建立方程组而不考虑传感器与震源的位置等信息。这将会不可避免地引入误差，尤其在如下两种情形时。

　　(1) 异常传感器将会给定位带来巨大误差

　　有很多的随机因素都可能导致传感器数据异常。例如，电路不稳定，现场施工，或者一些人为的干扰。某些情况下，个别传感器会有非常大的误差。类似这样的测量数据将会给定位结果带来巨大的误差，甚至造成定位的失败。因此，最好可以将它们排除在定位计算之外。在现场的实际操作当中，目前一般依靠人为排除法，这限制了方法使用的实时性并大大增加了工作量。

　　(2) 不恰当的传感器组合建立的方程组将会放大测量误差

　　在实践当中，我们经常会发现使用相同数量但是不同位置的传感器，定位误差也可能会发生很大的变化。图 4-1 给出了一个例子，其中实线表示的是 TDOA 无误差时方程对应的曲线，虚线表示的是引入 TDOA 误差后方程所对应的曲线。在两幅子图当中，TDOA 的误差是相同的，震源也是相同的，而只是传感器的位置发生了变化，但是可以看到定位的误差有相当大的不同，图 4-1(b) 的定位误差远大于图 4-1(a)，这就是因为测量误差被方程放大的缘故。

　　因此，如果选择了不恰当的传感器建立方程，将可能会放大传感器的测量误差，并导致定位失败。我们希望能够提出一种算法，让其自动地选择合适的传感器建立方程，从而抑制传感器的测量误差，取得好的定位结果。因此，我们希望能够选择可信度较高的传感器数据，并通过恰当的组合建立起能够抑制测量误差的方程组，从而提高定位精度。下面我们就来讨论选择合适的传感器建立方程的问题。

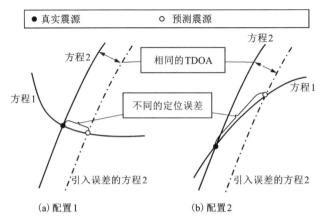

图 4-1　方程组选取不恰当导致的测量误差放大现象

4.5.2　算法设计

为了选择最优的公式组合从而降低定位误差, 我们采用了如下的方法来对定位方程进行选择。

在三维空间中, 为了确定震源的位置, 根据定位原理, 至少需要 4 个传感器。下面我们将讨论传感器的相对分布情况将会如何影响定位的精度。假定 4 个传感器为 $S_0(a_0, b_0, c_0)$, $S_1(a_1, b_1, c_1)$, $S_2(a_2, b_2, c_2)$, $S_3(a_3, b_3, c_3)$, 根据波的传播原理, 我们可以列出公式(4-28)、公式(4-29):

$$D_i = d(a_i, b_i, c_i) = v(t_i - t), \ i = 0, 1, 2, 3 \tag{4-28}$$

$$\Delta_{D_i} = D_i - D_1 = v(t_i - t_1), \ i = 1, 2, 3 \tag{4-29}$$

我们将公式(4-29)做差, 可以得到公式(4-30):

$$d\Delta_{D_i} = v d\tau_{i0} = (C_{i1} - C_{01})dx + (C_{i2} - C_{02})dy + (C_{i3} - C_{03})dz, \ i = 1, 2, 3 \tag{4-30}$$

其中: 参数 C_{ij} 可以用公式(4-31)表示为:

$$\begin{cases} C_{i1} = \dfrac{\partial D_i}{\partial x} = \dfrac{x - a_i}{D_i} \\[2ex] C_{i2} = \dfrac{\partial D_i}{\partial y} = \dfrac{y - b_i}{D_i} \\[2ex] C_{i3} = \dfrac{\partial D_i}{\partial z} = \dfrac{z - c_i}{D_i} \end{cases}, \ i = 0, 1, 2, 3 \tag{4-31}$$

我们可以将公式(4-30)重写为如公式(4-32)所示的矩阵形式:

$$v\mathrm{d}\boldsymbol{\tau}_0 = \boldsymbol{K} \in \tag{4-32}$$

其中，$\mathrm{d}\boldsymbol{\tau}_0$、$\in$、$\boldsymbol{K}$ 分别表示为：

$$\mathrm{d}\boldsymbol{\tau}_0 = [\mathrm{d}\tau_{10}\mathrm{d}\tau_{20}\mathrm{d}\tau_{30}]^{\mathrm{T}} \tag{4-33}$$

$$\in = [\mathrm{d}x\mathrm{d}x\mathrm{d}z]^{\mathrm{T}} \tag{4-34}$$

$$\boldsymbol{K} = \begin{bmatrix} C_{11} - C_{01} & C_{12} - C_{02} & C_{13} - C_{03} \\ C_{21} - C_{01} & C_{22} - C_{02} & C_{23} - C_{03} \\ C_{31} - C_{01} & C_{32} - C_{02} & C_{33} - C_{03} \end{bmatrix} \tag{4-35}$$

我们采用伪逆法对方程(4-32)进行求解，可以得到定位误差 $\in$ 的表达式为：

$$\in = v(\boldsymbol{K}^{\mathrm{T}}\boldsymbol{K})^{-1}\boldsymbol{K}^{\mathrm{T}}\mathrm{d}\boldsymbol{\tau}_0 \tag{4-36}$$

由公式(4-36)，进一步求得误差的均值为：

$$E = \sqrt{(\mathrm{d}x)^2 + (\mathrm{d}y)^2 + (\mathrm{d}z)^2} = \sqrt{\in^{\mathrm{T}}\in} \tag{4-37}$$

由于上述方程为非线性方程，难以求出解析解。因此，在下面我们将采用数值方法来对方程进行求解。为了便于问题的分析和实际定位操作，我们将传感器的布局(4 传感器情况)划分为如下 4 种情形，对其定位误差随震源位置的变化情况进行分析。当传感器数目多于 4 个时，可分解为 4 传感器的组合情况进行讨论。

Case1：S_0、S_1、S_2、S_3 在同一平面上时。

当 4 个传感器位于一个边长为 10 km 的正方形的 4 个角时，令 $\mathrm{d}\boldsymbol{\tau}_0 = [0.1 \text{ ms}, 0.1 \text{ ms}, 0.1 \text{ ms}]$。图 4-2 给出了由公式(4-37)计算得到的定位误差的均值 E 的 mesh 图，其中 x 轴表示 x 坐标，y 轴表示的是 y 坐标，z 轴表示的是当震源位于 (x, y) 处时由公式(4-37)计算得到的定位误差的均值。通过模拟，我们看到存在一些区域，当震源落于其中时，定位误差畸高。因此，若传感器和震源的相对位置是这种情况时，定位结果很可能存在大的误差，因此在选择传感器时要尽量将此种情况排除在外。

Case 2：S_0、S_1、S_2、S_3 位于四面体的 4 个角上，S_0 在 $S_1S_2S_3$ 平面上的投影落在三角形 $S_1S_2S_3$ 外。

这里，我们假定 S_1，S_2，S_3 位于一个边长为 10 km 的正方形的 3 个角上，且 S_0 在 $S_1S_2S_3$ 平面上的投影位于该正方形的另一个角上，并且 $\mathrm{d}\boldsymbol{\tau}_0 = [0.1 \text{ ms}, 0.1 \text{ ms}, 0.1 \text{ ms}]$。图 4-3 给出了由公式(4-37)计算得到的定位误差的均值 E 的 mesh 图，其中 x 轴表示 x 坐标，y 轴表示的是 y 坐标，z 轴表示的是当震源位于 (x, y) 处时由公式(4-37)计算得到的定位误差的均值。从模拟的结果中可以看到，存在一些区域，当震源落于其中时定位会存在较大的误差。因此，若传感器和震源的相对位置是这种情况时，定位结果很可能存在大的误差，因此在选择传感器时要尽量将此种情况排除在外。

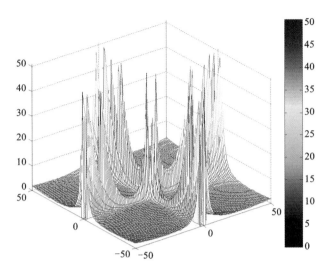

图 4-2　Case1 时，随着震源坐标(x, y)变化时定位误差的分布图(扫码查看彩图)

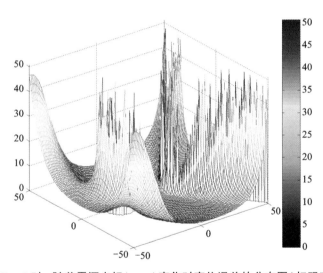

图 4-3　Case2 时，随着震源坐标(x, y)变化时定位误差的分布图(扫码查看彩图)

　　Case 3：S_0、S_1、S_2、S_3 位于四面体的 4 个角上，S_0 在 $S_1 S_2 S_3$ 平面上的投影落在三角形 $S_1 S_2 S_3$ 的边上。

　　这里，我们假定 S_1，S_2，S_3 位于一个边长为 10 km 的等边三角形的 3 个角上，且 S_0 在 $S_1 S_2 S_3$ 平面上的投影位于边 $S_1 S_2$ 上，$d\tau_0 = [0.1 \text{ ms}, 0.1 \text{ ms}, 0.1 \text{ ms}]$。图 4-4 给出了由公式(4-37)计算得到的定位误差的均值 E 的 mesh 图，其中 x 轴

表示的是 x 坐标,y 轴表示的是 y 坐标,z 轴表示的是当震源位于(x, y)处时由公式(4-37)计算得到的定位误差的均值。从模拟的结果中可以看到,在三角形$S_1S_2S_3$附近存在一些区域,当震源落于其中时可能会存在较大的定位误差。因此,若传感器和震源的相对位置是这种情况时,定位结果很可能存在大的误差,因此在选择传感器时要尽量将此种情况排除在外。

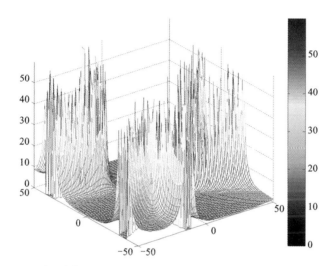

图 4-4　Case3 时,随着震源坐标(x, y)变化时定位误差的分布图(扫码查看彩图)

Case 4:$S_0S_1S_2S_3$ 位于四面体的 4 个角上,S_0 在 $S_1S_2S_3$ 平面上的投影落在三角形 $S_1S_2S_3$ 内。

这里,我们假定 S_1,S_2,S_3 位于一个边长为 10 km 的等边三角形的 3 个角上,且 S_0 在 $S_1S_2S_3$ 平面上的投影位于三角形 $S_1S_2S_3$ 内,$\mathrm{d}\tau_0 = [\,0.1\ \mathrm{ms}, 0.1\ \mathrm{ms}, 0.1\ \mathrm{ms}\,]$。图 4-5 给出了由公式(4-37)计算得到的定位误差的均值 E 的 mesh 图,其中 x 轴表示的是 x 坐标,y 轴表示的是 y 坐标,z 轴表示的是当震源位于(x, y)处时由公式(4-37)计算得到的定位误差的均值。从结果中我们可以看出,当震源位于三角形 $S_1S_2S_3$ 内时,误差较小,而当震源在三角形外时,误差同样也是可以接受的,若传感器和震源的相对位置是这种情况时,定位结果的误差较小,且较稳定。因此,在选择传感器时应尽可能地考虑此种情形。

由上面的分析可知,当震源位于四面体 $S_0S_1S_2S_3$ 当中时(其中 S_0、S_1、S_2、S_3 是 4 个传感器),定位算法将会得到更准确的定位结果。综上所述,我们设计了二次定位算法 4-3。

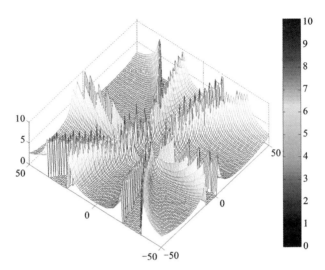

图 4-5 Case4 时，随着震源坐标(x, y)变化时定位误差的分布图(扫码查看彩图)

算法 4-3 二次定位算法

输入：预估的震源位置(a', b', c')，传感器坐标(x_i, y_i, z_i)，TDOA(t_{ij})。

输出：震源位置(a, b, c)。

步骤 1：$n = 1$。

步骤 2：选择还未遍历的 4 个传感器组合 S_1, S_2, S_3, S_4；如果所有组合都已经遍历，则跳转至步骤 6。

步骤 3：若(a', b', c')位于四面体 $S_1 S_2 S_3 S_4$ 中，则跳转至步骤 4；否则跳转步骤 2。

步骤 4：使用 S_1, S_2, S_3, S_4 的数据定位震源，结果记为(a_n, b_n, c_n)。

步骤 5：$n = n+1$；跳转至步骤 2。

步骤 6：$a = \mathrm{sum}(a_i)/n$；$b = \mathrm{sum}(b_i)/n$，$c = \mathrm{sum}(c_i)/n$。

步骤 7：return(a, b, c)。

这里的(a', b', c')是由算法 4-1 得到的传感器数据计算得到的震源位置估计值，并且所有传感器的位置和到时差 TDOA 是已知的。所有的 4 传感器组(S_1, S_2, S_3, S_4)由算法 4-3 的步骤 2 来遍历检查：如果(a', b', c')位于四面体 $S_1 S_2 S_3 S_4$ 当中，那么我们利用传感器 S_1、S_2、S_3、S_4 的坐标和他们之间的到时差计算出震源的位置，并将结果暂存，如步骤 4 所示。当我们将所有符合步骤 3 条件的传感器 4 元组都挑拣出来并计算定位后，将不同传感器组合算得的震源位置进行平均作为我们算法的返回值。

4.6　方法有效性实验验证

实验分为两个部分，第一部分是模拟实验，初步验证算法的可行性和精度；第二部分是现场实验，用现场测试数据真实地验证算法的精度，并与传统的使用所有传感器数据以及全局优化法的定位方法做对比。为了下文的讨论方便，我们将本书的二次定位方法记 RL（relocation method），而将传统方法记为 TL。

4.6.1　模拟实验

在真实的现场实验中，有很多复杂的因素，如系统误差、噪声等不能够精确控制的因素。因此，我们先采用了模拟实验的方法对二次定位方法进行了验证。具体步骤为：用 MATLAB 语言建立图 4-6 所示的实验场景，假定矿体的尺寸为 10 km× 5 km ×2 km 的立方体，共有 12 个传感器分别布置在长方体的 8 个角和长边的 4 个中点上，用来监测微震波。波速设置为可调参数。我们共随机地模拟了 50 个微震事件。微震波的到时由震源和传感器的距离计算得到。

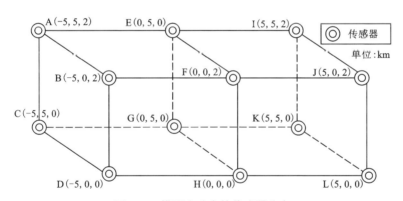

图 4-6　模拟实验中的传感器分布

为了更加符合实际情形，我们给传感器数据的到时添加了白噪声，之后将同样的数据分别输入二次定位方法和传统定位方法来计算模拟震源的位置。我们共使用了 4 种不同的噪声配置，也即为 TDOA 添加　定的随机误差，分别为：①均值为 1 ms，标准差为 1 的白噪声；②均值为 1 ms，标准差为 1 的白噪声，同时随机选取一个传感器为其到时添加 5 ms 的误差；③均值为 2 ms，标准差为 2 的白噪声；④均值为 2 ms，标准差为 2 的白噪声，同时随机选取一个传感器为其到时添加 8 ms 的误差。图 4-7 的 4 个子图分别画出了 4 种误差配置情况下，50 个微震定位结果的误差，其中横坐标为事件的编号，纵坐标为误差，单位为 m。

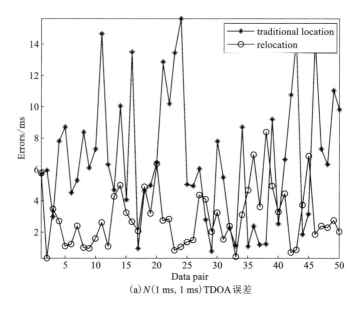

(a) N(1 ms, 1 ms)TDOA 误差

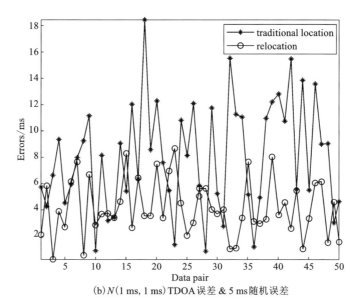

(b) N(1 ms, 1 ms)TDOA 误差 & 5 ms 随机误差

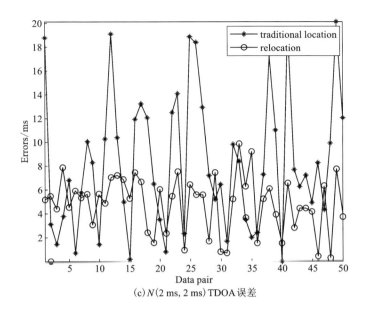

(c) $N(2\ \text{ms},\ 2\ \text{ms})$ TDOA 误差

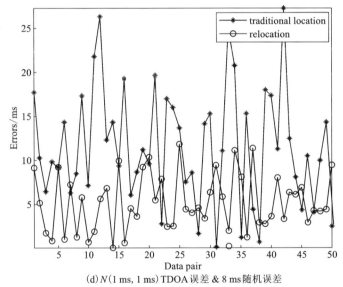

(d) $N(1\ \text{ms},\ 1\ \text{ms})$ TDOA 误差 & 8 ms 随机误差

图 4-7　当 TDOA 的误差配置不同时定位误差分布情况，这里 $N(\alpha,\ \beta)$
表示均值为 α、标准差为 β 的正态分布

　　数据分析表明，当 TDOA 添加 $N(1\ \text{ms},\ 1\ \text{ms})$ 的正态噪声后，二次定位方法相比传统方法定位误差降低了 36.5%。当 TDOA 添加 $N(2\ \text{ms},\ 2\ \text{ms})$ 的正态噪声以及随机选择一个传感器为其到时添加 8 ms 的误差，二次定位方法相比传统方

法定位误差降低了 39.1%。其他参数的模拟结果在图 4-8 中显示。从图中可知，二次定位方法在所有 4 种配置下的定位误差的统计值均优于传统定位方法。

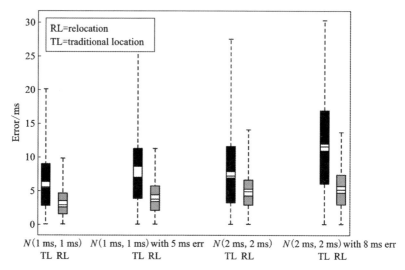

图 4-8 模拟定位实验的误差箱图

4.6.2 现场实验

为了进一步验证算法的有效性，我们在冬瓜山铜矿进行了现场的爆破实验，每个爆破事件被用来模拟一个微震事件，并将爆破的位置和算法计算得到的位置进行比对从而确定算法的误差。共进行了 3 次爆破实验，爆破点的位置如表 4-1 所示。

表 4-1 爆破点位置

序号	X 坐标	Y 坐标	Z 坐标
1	84528	22556	−753
2	84479	22570	−814
3	84359	22673	−795

微震定位采用的数据就是传感器所记录的波形，这些波形将首先被用来计算到时差 TDOA，而后采用二次定位或其他算法计算出微震源的位置。冬瓜山铜矿的数据采集系统为来自南非的 ISS 地震监测系统。该系统由一个地震监测系统和

相应的应力和变形监测系统组成，包括 24 个通道，共 16 个传感器，坐标如表 4-2 所示。数据通过铜绞线和光缆传输至地表监测中心，经由局域网传输至矿山安全生产部门。微震监测传感器的布置位置如表 4-2 所示。

表 4-2　传感器坐标

sensor ID	X	Y	Z	sensor ID	X	Y	Z
1	84345	22474	−678	9	84591	22453	−862
2	84157	22717	−737	10	84349	22271	−862
3	84256	22587	−682	11	84429	22332	−863
4	84493	22395	−653	12	84509	22391	−862
5	84299	22861	−764	13	84076	22705	−862
6	84377	22755	722	14	84182	22775	−862
7	84487	22612	−704	15	84259	22840	−862
8	84580	22489	−693	16	84307	22943	−860

和模拟实验中所采用的方法一样，我们将二次定位方法得到的结果与传统定位方法得到的结果进行了比较，来验证本书提出算法的优越性。对每个爆破事件，将添加噪声和定位的过程重复 50 次。我们共采用了 4 种不同的噪声配置，分别为：①均值为 1 ms，标准差为 1 的白噪声；②均值为 1 ms，标准差为 1 的白噪声，同时随机选取一个传感器为其到时添加 5 ms 的误差；③均值为 2 ms，标准差为 2 的白噪声；④均值为 2 ms，标准差为 2 的白噪声，同时随机选取一个传感器为其到时添加 8 ms 的误差。结果比较如图 4-9 所示。数据分析表明，当 TDOA 添加 $N(1\ \text{ms}, 1\ \text{ms})$ 的正态噪声后，二次定位方法相比传统方法定位误差降低了 42.5%。当 TDOA 添加 $N(2\ \text{ms}, 2\ \text{ms})$ 的正态噪声以及随机选择一个传感器为其到时添加 8 ms 的误差，二次定位方法相比传统方法定位误差降低了 41.8%。更为详细的结果如图 4-9 中所示。从图中我们可以看出，二次定位方法在所有 4 种配置下的定位误差的统计值均优于传统定位方法。

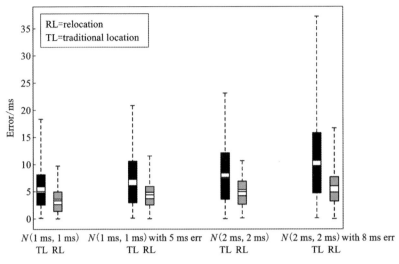

图 4-9　现场定位实验的误差箱图

本章在对微震源定位方法的两个影响因素进行定量研究的基础之上提出了基于 k-means 聚类的二次定位方法。该方法通过选择更为可靠的传感器数据从而得到更精确的定位。在传统的微震源定位方法中,所有的传感器数据一般都是不加区分地应用在了微震的定位计算当中,并且默认如果在定位计算中使用了更多的数据将能够提供更加准确的定位结果。而在实践中,我们发现:两个方面的定位误差有可能通过数据的筛选予以避免:一方面是传感器个体的选择,一些传感器测量可能存在较大的系统误差或较大的偶发性误差;另一方面是定位方程的选择,也即选择不同的传感器组合列出方程将计算出不同的定位精度,同样的测量误差,当传感器和震源相对位置不同时,最终的计算误差相差也可能会非常大,这是因为在某些情况下方程会将小的测量误差放大。因此,如果先将一些不太可靠的数据和一些不合适的方程剔除掉,那么我们将有更大的机会获得更为准确的定位结果。

在本章中,我们根据实际现场测量时传感器数据较为丰富这一特点,提出了基于 k-means 的二次定位方法,从两个方面提高定位结果的精度。一是在数据选择方面,根据投票原则和地震波传播理论,选择出较为可靠的传感器数据;二是在构建定位方程的过程中,根据预估的震源位置以及已知的传感器位置,选择最优方程以限制 TDOA 的计算误差。我们分别采用模拟实验和现场实验比较了传统的微震源定位方法和本章提出的方法。结果表明,二次定位方法可以显著提高算法对测量误差的容忍度,具有较好的应用前景。我们认为这种结果的改善是由于删除了不可靠的传感器数据,并且选择了适当的方程而达到的。

参考文献

[1] 李楠，王恩元，Ge MAOCHEN. 微震监测技术及其在煤矿的应用现状与展望[J].煤炭学报，2017，42(S1)：83-96. DOI：10. 13225/j. cnki. jccs. 2016. 0852.

[2] KIJKO A. An algorithm for the optimum distribution of a regional seismic network[J]. Pure and Applied Geophysics，1977，115(4)：999-1009.

[3] 高永涛，吴庆良，吴顺川，等. 基于 D 值理论的微震监测台网优化布设[J].北京科技大学学报，2013，35(12)：1538-1545.

[4] RABINOWITZ N，STEINBERG D M. Optimal configuration of a seismographic network：A statistical approach [J]. Bulletin of the Seismological Society of America，1990，80(1)：187-196.

[5] MENDECKI A J. Seismic monitoring in mines [M]. New York：Springer Science & Business Media，1997.

[6] 李楠. 微震震源定位的关键因素作用机制及可靠性研究[D].徐州：中国矿业大学，2014.

[7] 李楠，王恩元，G E Maochen，刘晓斐，孙珍玉. 微震震源定位可靠性综合评价模型[J].煤炭学报，2013，38(11)：1940-1946. DOI：10. 13225/j. cnki. jccs. 2013. 11. 002.

[8] COOMANS D，MASSART D L. Alternative k-nearest neighbour rules in supervised pattern recognition：Part 1. k-Nearest neighbour classification by using alternative voting rules [J]. Analytica Chimica Acta，1982，136：15-27.

[9] MAVROTAS G. Effective implementation of the ε-constraint method in multi-objective mathematical programming problems[J]. Applied mathematics and computation，2009，213(2)：455-465.

[10] HARTIGAN J A，WONG M A. Algorithm A S 136：A k-means clustering algorithm[J]. Journal of the Royal Statistical Society-Series C (Applied Statistics)，1979，28(1)：100-108.

第 5 章　复杂介质中的微震定位方法

在矿山微震定位的研究中，为了使问题求解方便，一般都将矿体简化为传播速度恒定的均匀介质来建模和计算。这样的简化带来的好处是毋庸置疑的，然而这将不可避免地引入由模型导致的定位误差。本章将讨论针对介质等引起的速度模型误差的影响因素的方法改进。

扫码查看本章彩图

5.1　研究背景

速度模型是为微震波在地层中的传播行为建模，这一模型是目前定位算法的基础。目前通用的定位算法都是基于微震波的传播行为和监测数据来反推微震源的位置。准确的波速模型是实现高精度的微震震源定位的基础。理想情况下，波速模型应该能够真实反映地下介质的波速场。由于地下介质构造的复杂性，再加上开采过程出现的巷道、采空区等影响和天气、水文、地质灾害等不确定因素，精确描述速度模型在目前看来还几乎是不可能完成的任务。因此在实际的微震震源定位计算中，通常采用经过简化的波速模型。常用的速度模型包括均匀模型、分层模型和离散模型。

（1）均匀模型

该模型假设空间介质是均匀的，微震波在空间任何点、朝着任何方向传播其速度是恒定不变的。这一模型是对现实情况的一个高度的简化，其特点是便于计算、便于分析。但是，其缺点也是显然的，过于简单的模型必然导致较大的定位计算误差。

（2）分层模型

假设空间介质分为多层，每个层内部是均质的，而层与层之间微震波的传播符合一般波的传播规律。该模型的特点相较均匀模型更加接近实际情况，但模型的复杂度提高了，定位计算的算法相应地更加复杂，计算量有所提高。

（3）离散模型

将空间介质分为多个离散的小块，每个块内部是均质的，而块与块之间微震波的传播符合一般波的传播规律。离散模型可以无限地逼近真实介质，但是需要以模型的复杂性为代价。同时，离散模型已经无法再用解析模型来列出定位方程，必须以数值计算方法为基础，通过不断的迭代计算来寻找微震源的位置。

纵观国内外广泛使用的地震及微震定位方法，应用最为广泛的是已知速度模型、求解发震时间和微震源位置的传统定位方法，如 Geiger 定位法[1]、HYPOCENTER 定位法[2]等，它们都是以预先测定平均速度或给出平均速度模型为前提。在现场定位时，平均速度测量的准确性直接影响着定位精度。而在这样的假设下算法要准确地运行，需要以下两个条件作为前提：①地震波在均匀的、各向同性的地质结构中传播；②地震波的传播速度的测量是准确的。而在实际工程应用中，地质结构多存在方向性，使得地震波的传播并非各向同性，而是存在差异。同时，准确测量传播速度也是非常困难的。一方面，岩体在不同区域的平均速度是不一样的，而且实际工程中，发生岩爆的位置不一定就在预先测定波速的精准区域，这样导致预先输入定位系统的平均速度与发生岩爆的区域的实际平均速度有一定误差，由此可能引入较大的定位误差；另一方面，速度的测量值很大程度上受测量探头的影响，根据董陇军等的测试，当探头间距较大时，波速为 2800~3100 m/s，当探头间距较小时，波速为 3100~6000 m/s，甚至更大[3]。已有研究显示，当速度测量的误差达到 100 m/s 时，由此增加的定位误差将会超过 25 m。但在实际工程中，要将波速误差控制在 100 m 以内都是很难的[4]。所以目前广泛使用的定位方法，通常情况下因速度引起的微震定位误差一般是 10~50 m，甚至更大，这将严重影响着定位的准确度。

19 世纪 70 年代，K. Aki 等将地球内部横向非均匀速度结构进行了网格化，提出了三维速度结构与震源联合反演理论。但是使用单一方程组进行联合反演，需要较大的运算量[5, 6]。陈炳瑞、冯夏庭等提出了基于粒子群算法的岩体微震源分层定位方法[7]，贾宝新等提出了非均匀介质条件下矿震震波三维传播模型构建及其应用的方法[8]，用来减小由介质或速度模型引入的误差。2011 年，李夕兵、董陇军等[9]提出无须测速的定位方法并进行了科学的比较和验证，较好地解决了上述第二个问题。在此基础之上，本书考虑了各向异性的传播模型[10]，希望更加精细地刻画实际的微震现象，进一步提高震源的定位精度，提出了基于传播主轴的各向异性微震传播模型，该方法假设地震波传播过程中有一主轴方向，沿该方向地震波的传播速度最快，并以震源位置、地震波传播的主轴方向以及传播速度等参数为变量建立了方程组，并利用和声算法[11, 12]和遗传算法[13-16]给出了该模型的一种求解方法[17, 18]。书中方法计算的结果与在冬瓜山铜矿的实验测量数据进行比较表明，本书所提出的方法能够在无须测速的情况下，更为准确地计算出震源位置，减少了测速不准确引入的误差和传统的各向同性介质模型中因模型简化引入的系统误差，具有良好的应用前景。

5.2 Geiger 定位方法

早期，人们使用横波(S)和纵波(P)的到时差来估计从地震台到震源的距离。Geiger 在地震监测实践中认识到确定 S 波是困难的，误差大而且有时是不可能的，所以他寻找只用准确 P 波到时进行定位的方法，提出了一种利用多台站 P 到时定位的概率方法——Geiger 法[19](1910, 1912)，并以 1905 年 3 月 4 日印度地震为例，演示了他的方法。他使用 5 个台站的监测数据，以宏观震中作为初值，对震源位置进行了求解，其结果与真实位置相当接近。

在地震定位问题中，观测的到时数据和所求的震源时空坐标之间并没有简单的线性关系，在这个意义上，地震定位问题是高度非线性的[20]。Geiger 法表述为一个线性反演问题。从一个猜想的震中(经度 L 和纬度 B)和发震时刻 t 出发，使用泰勒级数展开和最小二乘反演找到一个系统性的解。当时的方法隐含着震源深度为零的假设，因为当时还没有考虑深震的发生。由于当时所有的计算只能手工完成，所以 Geiger 给出了一些手工容易完成的简化办法。Geiger 还在其定位方法中包括了计算误差区间的过程。用现在的表述方式，Geiger 法的全过程可归纳为如下步骤：

①给定一个震源位置和发震时刻的初始值。
②在当前震源位置和发震时刻建立线性化的观测方程组。
③沿着使残差均方根(RMS)极小化的方向计算一个校正矢量。
④采用该校正矢量或它的一个修正量，得到新的震源位置和发震时刻。
⑤重复步骤①~④，直至其解收敛，或者说满足某些迭代终止判据。

5.3 双差定位方法

Waldhauser 和 Ellsworth 开发了一种有效的方法来确定震源位置，该定位方法包括普通绝对行程时间测量和/或互相关和波差行程时间测量[21]。对于每个台站的地震对，观测和理论旅行时间差(或双差)之间的残差最小化，同时将所有观测事件台站对连接在一起，通过迭代调整震源对之间的矢量差找到最小二乘解。

双差定位算法在不使用台站校正的情况下，将未建模速度结构造成的误差最小化。由于地震目录和互相关数据被组合到一个方程系统中，多个组内的事件间距离根据互相关数据的精度确定，而多个组和不相关事件之间的相对位置同时根据绝对行程时间数据的精度来确定。统计重采样方法用于估计数据精度和定位误差。与目录位置相比，双差位置的不确定性提高了一个数量级以上。

5.4　各向异性介质定位方法

5.4.1　机理分析与建模

本节在传统微震定位方法的基础之上，修正了传统方法中与实际不符的传播速度在各个方向已知且大小相同的假设，建立了如下传播模型。

设 $A_0(x_0, y_0, z_0)$ 为震源坐标，t_0 为震源产生的时刻；$A_i(x_i, y_i, z_i)$ 为传感器 i 的坐标，$t_i(i=1, 2, \cdots, n)$ 为 P 波到达第 i 个传感器的时刻，其中 n 为传感器的个数。则第 i 个传感器与震源的距离 l_i 可表示为公式（5-1）的形式：

$$l_i = |a_i - a_0| = \sqrt{(x_i - x_0)^2 + (y_i - y_0)^2 + (z_i - z_0)^2} \tag{5-1}$$

一般来说，沉积岩类（如页岩）和变质岩中的板岩等大量的岩石地壳层都呈层状结构[22]，地震波沿层面的传播速度要大于垂直于层面的传播速度。因此，我们假设地震波的传播以接近于如图 5-1 所示的椭圆波阵面进行，椭圆的 3 个轴分别表示地震波在岩石某一点向 3 个方向传播的速度方向和大小。

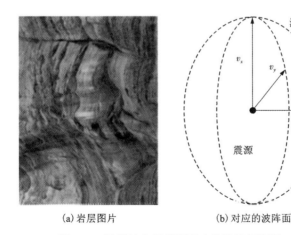

（a）岩层图片　　　　　（b）对应的波阵面

图 5-1　地震波在层状岩石中的波速示意图

假设波阵面椭球的主轴方向为 $\bar{x}$，次轴方向为 $\bar{y}$，次次轴方向为 $\bar{z}$，3 个轴向的速度大小分别为(v_x, v_y, v_z)，这对于所有传感器i[坐标为$a_i(x_i, y_i, z_i)$]，方程组(5-2)成立：

$$t_i = \frac{|A_i - A_0|}{v_i} + t_0 \tag{5-2}$$

其中：v_i为震源和传感器i的连线与波阵面的交点。这里的已知变量包括：传感器i的坐标$A_i(x_i, y_i, z_i)$，传感器i的监测时间t_i；未知变量包括：震源位置$A_0(x_0, y_0, z_0)$，震源产生时刻t_0和速度的3个轴长(v_x, v_y, v_z)，以及波阵面椭球的3个轴向(v_x, v_y, v_z)，考虑到方向矢量v_x，v_y，v_z为单位正交向量组，仅需要4个变量即可确定，因此方程组共有11个未知变量。为了便于求解，并且考虑到岩层的实际特性，我们假设$v_x = v_y$，此时，波阵面椭球退化，只需要确定主轴方向，求解方程组所需要的变量数减少至8个。故求解该问题至少需要8个方程。

设$\bar{t}$为P波到达各传感器台站的平均时刻：

$$\bar{t} = \frac{1}{n}\sum_{i=1}^{n} t_i \tag{5-3}$$

将公式(5-2)代入公式(5-3)，写出最小二乘公式(5-4)：

$$\min \frac{1}{n}\sum_{i=1}^{n}(t_i - \bar{t})^2 \tag{5-4}$$

使得该式最小的解即为我们要求的震源坐标、震源产生时间和传播速度的大小、方向等信息。

5.4.2 各向异性介质中定位问题的和声算法求解

和声搜索算法是一种新的求解优化问题的启发式算法。它模拟了音乐创作中，音乐家凭借记忆，不断调整各个乐器的音调，最终达到和声状态的过程。和声搜索算法将乐器$i(i = 1, 2, \cdots, m)$类比于优化问题中的第i个设计变量，将各乐器声调的和声$R_j(j = 1, 2, \cdots, n)$看作优化问题的第j个解向量，音乐家的评价则类比于优化问题的评价函数[11, 12]。算法需要的两个主要的设计参数是记忆库取值概率(α)和微调概率(β)。初始化时，算法需要生成K个解向量放入和声记忆库HM(harmony memory)内，K是一个可调的算法参数，称为和声记忆库的大小；然后在和声记忆库内随机搜索新解，新解的产生由α来决定。具体操作方法为：随机产生一个$[0, 1]$之间的均匀随机数r，如果$r < \alpha$，则新解在HM集合内随机搜索得到；否则在问题的解区间中产生新的解，并以微调概率β对新产生的解增加扰动。若该解对应的评价函数值优于目前和声记忆库中的最差解，则更新和声库；否则，重复上述过程，直到满足算法设定的终止条件。

结合定位工作的实际需求，我们提出了基于和声算法的定位方法(下文记为HSP, harmony search based position)，具体设计如下。

（1）算法参数的初始化

算法初始化时需要设定的参数包括和声库大小 K、记忆库取值概率 α、微调概率 β 等。和声库 HM 的规模 K 是影响优化结果的一个重要因素，受人类记忆能力在短时间内最优的启发，和声库的规模越小时，在解空间中搜索最优解的效率会越高。本书选取 $K=5$。α 的大小决定了算法的优化性能，对多维函数而言，它的值越大越有利于算法的局部收敛；而值越小越有利于群体的多样性。本书选取 $\alpha=0.98$。

微调概率 β：在算法搜索初期，较小的 β 参数更有利于算法快速地搜寻较好的区域；在算法搜索的后期，采用较大的 β 则有利于算法跳出局部极值，故本书选取动态的 $\beta \in [0.01, 0.6]$。算法初始化时，β 设置为最小值 0.01；随着迭代次数的增加 β 的值逐渐呈线性增大；当迭代次数达到设定的阈值时 β 设置为最大值 0.6；此后 β 值保持不变，直到算法结束。

（2）和声库解向量的初始化

为了使解向量能够具有代表性并且克服算法陷入局部的最小值，我们在选择和声库的初始向量时在优化问题的定义域内随机的产生，即

$$x_i(j) = L_i + r \cdot (U_i - L_i) \tag{5-5}$$

其中：$x_i(j)$ 为和声库中的第 j 个解向量的第 i 个变量；r 为 $(0,1)$ 区间的均匀分布的随机数；U_i 和 L_i 分别为第 i 个变量的上界和下界。生成的和声库表示为：

$$HM = \{x(1), x(2), \cdots, x(K)\} \tag{5-6}$$

当变量为震源位置时，其上下界取我们关注的岩体区域的坐标范围，这可以通过测量和实际的研究需要获得；当变量为主轴的方向分量或是速度的方向分量时，则取空间的角度范围 $[0, 360]$；当变量为地震波的传播速度时，根据经验可设置其范围为 $2500 \sim 6000$ m/s。

（3）新解向量的产生

首先，产生随机数 $r_1 \in (0,1)$，当 $r_1 < \alpha$，则新解在和声库内随机选取；产生随机数 $r_2 \in (0,1)$，若 $r_2 < \beta$，则新解在和声库内最优解中随机得到；否则新解将会在变量允许的范围内随机产生。算法描述如图 5-2 所示。

```
For (i = 1 : n) do
  if rand(0, 1) < α then
  begin
    x = x(i) //i 为在和声库中随机选取的解向量
    if rand(0, 1) < β then
    begin
      x = best(HM) //best(HM) 为和声库中使得目标函数最优的解向量
    end if
    Else
      For(j = 1 : m) do
        x_j = L_j + rand(0, 1) * (U_j - L_j) //向量在变量允许的范围内随机选取
      end for
    end if
end for
```

图 5-2 算法流程

5.4.3 和声算法实验验证

为了验证本书所提方法的有效性，我们以冬瓜山铜矿为背景，采用定位爆破模拟微震，将实测数据与计算结果对比进行实验。表 5-1 和表 5-2 分别给出了爆破实验选取的爆破点坐标和传感器的位置及其探测到的各个事件的相对时刻。

表 5-1 爆破实验位置

编号	地点	X 坐标	Y 坐标	Z 坐标	药量/kg
1	−760 m 水平 56-4#采场巷道	84528.4	22556.2	−753.2	2.25
2	−820 m 水平 56-6#采场巷道	84479.0	22570.0	−814.4	2.40
3	−790 m 水平 56-14#采场巷道	84359.0	22673.0	−795.5	2.40

表 5-2 传感器的位置及监测到的事件发生时间

传感器编号	位置坐标			触发传感器相对时刻/s		
	X	Y	Z	事件1	事件2	事件3
1	84345.73	22474	−678.01	31.21414	0.563835	45.26793
2	84157.08	22717.2	−737.28	—	—	45.26493
3	84256.71	22587.9	−682.8	31.22597	0.574668	45.25826

续表5-2

传感器编号	位置坐标			触发传感器相对时刻/s		
	X	Y	Z	事件 1	事件 2	事件 3
4	84493.74	22395.4	−653.02	31.2103	0.567501	—
5	84299.94	22861.7	−764.74	—	—	45.26118
6	84377.81	22755.5	−722.01	31.22294	0.566903	45.24801
7	84487.86	22612	−704.33	31.19561	0.54757	45.25868
8	84580.14	22489.6	−693.73	31.19694	0.55657	—
9	84591.12	22453.2	−862.58	31.20644	0.556775	—
10	84349.47	22271.4	−862.79	—	—	—
11	84429.88	22332.3	−863.16	31.22661	0.573108	—
12	84509.8	22391.8	−862.91	31.21328	0.561441	—
13	84076.11	22705.4	−862.89	—	—	45.28031
14	84182.39	22775.1	−862.38	—	—	45.26864
15	84259.16	22840.2	−862.04	—	—	45.26714
16	84307.19	22943.1	−860.87	—	—	45.27964

　　为了验证本书方法(HSP)的有效性,本节将震源定位常用的方法,如麦夸特法(LM)、简面体爬山法(SM)、准牛顿法(QN)、最大继承法(MIO)、自组织群移法(SOMA)、麦夸特法与全局优化算法(LM-GO)、简面体爬山法与全局优化算法(SM-GO)、准牛顿法与全局优化算法(QN-GO)、最大继承法与全局优化算法(MIO-GO)等方法的计算结果和本书所提方法的计算结果进行了对比和分析,将事件 1、2、3 的计算结果分别列入表 5-3~表 5-5。

表 5-3　事件 1 的计算结果

编号	方法	迭代次数/次	均方差	是否收敛	计算结果		
					X	Y	Z
1	HSP	230	0.0009	收敛	84524.01	22562.17	−754.59
2	LM	8	0.039	收敛	1.71	0.21	2.61
3	SM	1364	0.0011	收敛	84522.93	22544.34	−747.52
4	QN	4	0.0382	收敛	0.1	1.98	3.02

续表5-3

编号	方法	迭代次数/次	均方差	是否收敛	计算结果		
					X	Y	Z
5	MIO	253	0.0163	收敛	4.3E+11	−9	0.06
6	SOMA	389	0.0011	收敛	84522.92	22544.34	−747.54
7	LM-GO	343	0.0016	收敛	84511.3	22538.29	−753.85
8	SM-GO	462	0.0011	收敛	84522.93	22544.34	−747.52
9	QN-GO	464	0.0076	收敛	84509.14	22537.17	−755.03
10	MIO-GO	92	0.0011	收敛	84522.93	22544.34	−747.52

表5-4　事件2的计算结果

编号	方法	迭代次数	均方差	是否收敛	计算结果		
					X	Y	Z
1	HSP	51	0.0012	收敛	84475.67	22574.12	−819.10
2	LM	9	0.0399	收敛	0.07	0.47	1
3	SM	1487	0.0013	收敛	84486.86	22570.88	−806.79
4	QN	5	0.0338	收敛	0.39	4.13	0.75
5	MIO	768	0.0202	收敛	9729.92	2.86E+13	−0.25
6	SOMA	368	0.0013	收敛	84486.87	22570.88	−806.8
7	LM-GO	542	0.0028	收敛	84470.71	22563.61	−815.04
8	SM-GO	469	0.0013	收敛	84486.86	22570.88	−806.79
9	QN-GO	360	0.0087	收敛	2791666	1334901	1501054
10	MIO-GO	54	0.0013	收敛	84486.86	22570.88	−806.79

表5-5　事件3的计算结果

编号	方法	迭代次数	均方差	是否收敛	计算结果		
					X	Y	Z
1	HSP	182	0.0015	收敛	84355.32	22676.81	−788.96
2	LM	14	0.0279	收敛	22471.68	9054632	11715473
3	SM	1620	0.0139	收敛	84349.84	22679.69	−819

续表5-5

编号	方法	迭代次数	均方差	是否收敛	计算结果		
					X	Y	Z
4	QN	18	0.0236	收敛	−117535	487846.5	923298
5	MIO	368	0.0013	收敛	84486.87	22570.88	−806.8
6	SOMA	324	0.0139	收敛	84349.84	22679.69	−819
7	LM-GO	21	0.0139	收敛	84349.84	22679.69	−819
8	SM-GO	49	0.0139	收敛	84349.84	22679.69	−819
9	QN-GO	629	0.0139	收敛	84349.84	22679.69	−819
10	MIO-GO	64	0.0139	收敛	84349.84	22679.69	−819

图 5-3 柱状图为各种方法的预测误差比较图。柱状图的高度表示预测点与实际爆破点的直线距离，3 个柱子分别代表了 3 个不同的爆破事件。

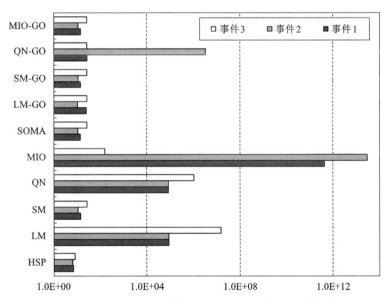

图 5-3　HSP 和其他九种算法在微震定位中的误差比较柱状图

实验结果显示，本章提出的方法有效地提高了计算震源位置的准确性，这是因为本章同时考虑了地震波在岩层中传播的不对称性和波速测量不准确带来的误差影响。

为了有效地监测微震活动，定位微震震源，本节考虑了岩石的各向异性特点并建立了模型，提出了基于和声算法的无须测速的微震震源定位方法。该方法假设地震波沿岩石层理传播时存在一个主轴方向，沿该主轴方向地震波的传播速度最快，以震源位置、地震波传播的主轴方向以及传播速度等参数为变量建立方程组，最后用和声算法对该方程组进行求解。我们将此方法与另外 9 种微震定位方法用于冬瓜山铜矿的微震定位，并进行对比，结果表明，本书提出的方法能够更为准确地计算震源位置，且无须预先测量地震波的传播速度，减少了误差的引入。我们在数学意义和现场爆破试验两个方面对提出的方法进行了验证，新提出的方法均体现出较 LM、SM、QN、MIO、SOMA、LM - GO、SM - GO、QN - GO、MIO-GO 等传统算法更为准确的计算结果，且合理可靠，切实可行，具有较高的定位精度，它克服了传统方法定位中速度难准确确定的缺陷，完善了微震定位方法，在现场应用时较传统方法更为方便，而且只需修改现有定位系统中数据处理模块即可，可以在现场实际微震源定位中推广使用。

5.4.4 各向异性介质中定位问题的遗传算法求解

上一节我们探讨了各向异性介质中定位问题的和声算法求解问题，这一节我们将采用遗传算法对该问题求解以获得更高的性能。各向异性介质中定位问题的模型在 5.2 节中已经给出，这里不再赘述。

上述方程中共存在 8 个变量和 1 个约束，都是非线性方程。因此本书选择了遗传算法[23]对该问题进行求解，求解的过程介绍如下。

(1)以固定长度的二进制数代表每个参数(包括震源坐标、传播法向、传播速度的上下界)，并以他们作为一个个体的染色体，采用随机的方式生成一个种群(population)。

(2)将每一个染色体带入目标方程，并根据得出的效用值将 k 个染色体进行效用排列。然后采用轮盘赌算法对 n 个个体进行取样，每次取两个一组，每个个体被取样概率正比于该个体的效用值。

(3)将每次取得的一组两个染色体进行交叉运算，即每两个母染色体将产生一个新(子)染色体。k 次取样并交叉计算后，将出现新的 k 个染色体。

(4)将新得到的 k 个染色体中随机选取一部分(按预先设定的比例)，依次进行变异操作。即将需要变异染色体中的基因值在限定范围内进行随机变化。

(5)把变异后得到的 k 个候选个体和其前一代的个体通过目标函数进行比较。如果效用均值提高，则将这 k 个候选个体保留成为新一代染色体，否则就放弃这 k 个候选个体。

(6)重复到步骤(2)，直到达到预设的进化代数，或者最近一代的个体超过预设的最大平均效用值及相应的效用值标准差。

5.4.5　遗传算法实验验证

为了验证本书所提方法的有效性，同样以冬瓜山铜矿为背景，采用爆破定位实验数据进行比较实验。表 5-1 和表 5-2 分别给出了爆破实验选取的爆破点坐标和传感器的位置及其探测到的各个事件的相对时刻。

为了验证 HDB 方法的有效性，我们将 HDB 计算的结果和 LM、SM、QN、MIO、SOMA、LM-GO、SM-GO、QN-GO、MIO-GO 等方法[24, 25]的计算结果进行比较分析，将事件 1、2、3 的定位结果分别列入表 5-6~表 5-8。

表 5-6　微震事件 1 的定位结果

编号	方法	迭代次数/次	均方差	是否收敛	计算位置		
					x	y	z
1	HDB	102	0.0006	收敛	84525.42	22561.56	-755.14
2	LM	8	0.039	收敛	1.71	0.21	2.61
3	SM	1364	0.0011	收敛	84522.93	22544.34	-747.52
4	QN	4	0.0382	收敛	0.1	1.98	3.02
5	MIO	253	0.0163	收敛	4.3E+11	-9	0.06
6	SOMA	389	0.0011	收敛	84522.92	22544.34	-747.54
7	LM-GO	343	0.0016	收敛	84511.3	22538.29	-753.85
8	SM-GO	462	0.0011	收敛	84522.93	22544.34	-747.52
9	QN-GO	464	0.0076	收敛	84509.14	22537.17	-755.03
10	MIO-GO	92	0.0011	收敛	84522.93	22544.34	-747.52

表 5-7　微震事件 2 的定位结果

编号	方法	迭代次数	均方差	是否收敛	计算位置		
					x	y	z
1	HDB	66	0.0008	收敛	84476.11	22572.37	-818.26
2	LM	9	0.0399	收敛	0.07	0.47	1
3	SM	1487	0.0013	收敛	84486.86	22570.88	-806.79
4	QN	5	0.0338	收敛	0.39	4.13	0.75
5	MIO	768	0.0202	收敛	9729.92	2.86E+13	-0.25

续表5-7

编号	方法	迭代次数	均方差	是否收敛	计算位置		
					x	y	z
6	SOMA	368	0.0013	收敛	84486.87	22570.88	-806.8
7	LM-GO	542	0.0028	收敛	84470.71	22563.61	-815.04
8	SM-GO	469	0.0013	收敛	84486.86	22570.88	-806.79
9	QN-GO	360	0.0087	收敛	2791666	1334901	1501054
10	MIO-GO	54	0.0013	收敛	84486.86	22570.88	-806.79

表 5-8　微震事件 3 的定位结果

编号	方法	迭代次数	均方差	是否收敛	计算位置		
					x	y	z
1	HDB	127	0.0008	收敛	84354.12	22675.42	-791.69
2	LM	14	0.0279	收敛	22471.68	9054632	11715473
3	SM	1620	0.0139	收敛	84349.84	22679.69	-819
4	QN	18	0.0236	收敛	-117535	487846.5	923298
5	MIO	368	0.0013	收敛	84486.87	22570.88	-806.8
6	SOMA	324	0.0139	收敛	84349.84	22679.69	-819
7	LM-GO	21	0.0139	收敛	84349.84	22679.69	-819
8	SM-GO	49	0.0139	收敛	84349.84	22679.69	-819
9	QN-GO	629	0.0139	收敛	84349.84	22679.69	-819
10	MIO-GO	64	0.0139	收敛	84349.84	22679.69	-819

　　图 5-4 的柱状图给出了各种方法的计算误差对比。柱状图的高度表示计算到的震源与实际爆破点的直线距离，3 个柱子分别代表 3 个不同的爆破事件。

　　实验结果显示，本书提出的方法有效地提高了震源定位的准确性。这一结果的得出我们认为是考虑了地震波在岩层中传播的不对称性和减少了测速带来的误差所获得的。

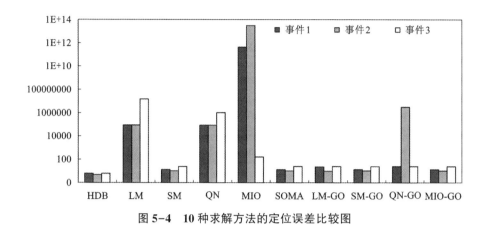

图 5-4　10 种求解方法的定位误差比较图

5.5　干涉定位方法

在前面几章，我们通过提高到时差的拾取精度，进而提高了传统的基于到时差的微震源定位算法的定位精度。除了基于到时差的微震源定位算法以外，干涉定位算法是近年快速发展的一种定位方法，它可以定位多震源且无须计算确切的到时和拾取到时差，主要包含以波场逆时不变性理论为基础的成像类方法，并借鉴绕射叠加或偏移的成像类方法[26]，与基于双曲线方程及其解析解的传统方法相比，具有很大的优势。基于走时反演的传统定位方法是在定位空间中寻找与记录的波形走时统一的位置，而基于干涉成像的方法是将记录的能量或幅值聚焦在空间的网格点上进行成像源定位。Schuster[27, 28]提出了使用互相关计算的地震干涉成像定位方法。这个方法的主要过程是，首先按给定的速度模型，利用射线追踪或解程函方程等方法计算目标定位区域内所有网格点到各检波器的走时；然后将接收的地震记录在选定的观测时窗内进行互相关计算，得到包含走时差信息的互相关道集记录；再对互相关道集乘以体现走时差信息的偏移核函数，进行互相关偏移；最后将所有互相关道集的偏移剖面进行叠加，如果采用多分量接收，则可将各分量偏移结果叠加，得到反映真实震源位置的最终成像剖面。Grandi 等[29]第一次将基于互相关迁移的干涉法用于永久地面监测的储层微震定位，检验了分层介质下的微震定位，验证了干涉法在微震中的可行性。与传统方法相比，此方法在计算过程中不需要做震相拾取，适用于任意阵列的传感器，适用于更多更复杂的速度模型。

经过分析,干涉方法的主要组成部分——互相关计算部分有一些缺陷,比如,互相关曲线对噪声敏感峰值不够明显带有强烈震荡,局部和全局最大值极易混淆引起虚假峰值等。这些缺陷虽小,且随机产生但其引起的定位误差量确实十分可观。为了解决这个问题,考虑到微震信号波的不稳定性、随机性强及受噪声影响,本节提出一个新的基于交叉小波变换的干涉定位方法。通过对记录到的地震信号进行干涉,将得到新的地震信号,这种地震信号不仅包含了原始地震信号的特性,而且能反映出原始信号所不具有的某些重要的特征,如去除复杂地质构造对波传播的影响、把噪声变成有用的信号、提高信号的信噪比以及反映常规的地震处理方法所不能反映的某些复杂地质构造的局部性特征等。此方法中,交叉小波能量函数被用于代替传统干涉方法中的互相关函数计算。3 个影响定位精度和鲁棒性的主要因素如噪声水平、传感器间距、波速测量误差影响被分别通过模拟实验研究调查。实验研究表明,本书提出的方法与传统干涉定位方法相比在单震源和多震源定位试验中皆显示了高可靠度、高鲁棒性和高精确度[30]。

5.5.1 基于干涉成像的微震源定位方法

微震波的干涉定位可以分为求相关函数和搜索震源两个主要部分,其基本原理如图 5-5 所示。假设位于两个不同地点的传感器 A 和 B 监测到的来自同一假设震源 S' 的微震信号分别为 $a(i)$ 和 $b(i)(i=1,\cdots,N)$。如果两个信号 $a(i)$ 和 $b(i)$ 的到时差 TDOA 为 τ,那么在理论上互相关函数 $f_{A,B}(t)$ 的值将在 $t=\tau$ 时达到最大,互相关函数的计算式如公式(5-7)所示。

$$f_{A,B}(t) = \sum_{i=1}^{N} \frac{a(i+t)b(i)}{N} \tag{5-7}$$

所以函数 $f_{A,B}[(S'B-S'A)/v]$ 的值可以说表示了某点 S' 是震源的可能性。

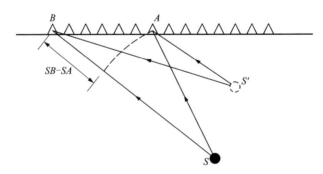

图 5-5　干涉定位方法原理

在得到互相关函数后,第二步是遍历监测空间中的所有点,计算出每个点是震源的可能性，最终选出可能性最大的点作为震源。以图 5-5 为例，由于传感器 A 和 B 的位置已知，对空间任意一点 S'，可以计算出 S' 到两个传感器距离的差值，即 $S'A-S'B$。若 S' 恰好是震源所在位置，那么在不考虑模型误差因素时 S' 到 A 和 B 的理论走时差 $(S'A-S'B)/v$ 应当与 A、B 两点测量信号的到时差 τ 相等，则相关函数 $f_{A,B}[(S'A-S'B)/v]$ 此时可以取到最大值。但是，若 $f_{A,B}[(S'A-S'B)/v]$ $<f_{A,B}(\tau)$，那么就有理由认为"S' 点是震源"这一假设是不合理的。当有多个传感器时，按照排列组合方法对每对传感器都进行上述的运算，并将结果的累加和作为判断空间中的任意一点是震源的可能性，这一计算过程就称之为相干强度函数的计算过程，用 $m(*)$ 表示，用公式表示为：

$$m(S') = \sum_{A,B} f_{A,B}\left(\frac{S'A - S'B}{v}\right) \tag{5-8}$$

其中：A、B 表示任意两个传感器；$f_{A,B}$ 表示传感器 A 和 B 的测量信号的互相关函数；$S\sum'$ 表示空间的任意一点；求和 $\sum$ 表示对所有传感器对 (A,R) 的函数值 $\sum f$ $\sum_{A,B}(\sum S'A-S'B/v)$ 的累加。最终在所有空间点中按照阈值准则，选择相干强度函数 $m\sum(*)$ 的值超过阈值的局部最大点作为计算得到的震源。而且即使监测区域在短时间内存在多个震源，也可以全部识别。需要强调的是同时多震源识别是干涉定位法的最大的优点。

以上干涉过程从频率域角度看可以形式化表述如下[31]。

（1）设传感器 A 和传感器 B 接收到的频域信号 $a(i)$ 和 $b(i)$ 在频率域可以表示为

$$F^a(\omega) = F^s(\omega)\,\mathrm{e}^{i\omega\cdot\tau_{SA}} \tag{5-9}$$

$$F^b(\omega) = F^s(\omega)\,\mathrm{e}^{i\omega\cdot\tau_{SB}} \tag{5-10}$$

其中：$F^s(\omega)$ 表示微地震源信号的傅里叶变换，频域内震源子波；τ_{SA} 和 τ_{SB} 分别表示地震波从震源 S 到传感器 A 和 B 的理论走时。

（2）在频域对信号 $F^a(\omega)$ 和 $F^b(\omega)$ 进行互相关运算：

$$\widetilde{\Phi}(a,b,\omega) = F^a(\omega) \cdot F^b(\omega) = |F^s(\omega)|^2 \cdot \mathrm{e}^{i\omega\cdot(\tau_{SB}-\tau_{SA})} \tag{5-11}$$

上述计算在时间域中对应的是传感器 A 和 B 的测量信号 $a(i)$ 和 $b(i)$ 的互相关运算。相应地，$a(i)$ 和 $b(i)$ 的互相关运算也就是 $\widetilde{\Phi}(A,B,\omega)$ 的时域表示。

（3）对相干数据 $\widetilde{\Phi}(a,b,\omega)$ 进行偏移，以 $\mathrm{e}^{i\omega\cdot(\tau_{S'B}-\tau_{S'A})}$ 作为偏移核函数，并且对所有频率求和，则得到任一点 S' 作为震源的相干强度 $m(S')$。

$$m(S') = \sum_{\omega}\sum_{A,B} \widetilde{\Phi}(a,b,\omega) \cdot \mathrm{e}^{i\omega\cdot(\tau_{S'A}-\tau_{S'B})} = \sum_{A,B} \varphi(a,b,\tau_{S'B}-\tau_{S'A})$$

$$\tag{5-12}$$

其中：A，B 是两个变量，表示传感器；$\varphi(a, b, t)$ 表示 A、B 监测到的两道信号在偏移为 t 时的互相关。当 S' 就是实际震源 S 时，在理论上相干强度 $m(S')$ 会取得最大值。

在上述地震波的干涉定位过程中，互相关函数的计算部分是最基础和最核心的部分，用来对监测区域内每个空间点的干涉强度进行计算进而评判空间每个点 S' 是产生微震波的震源 S 的可能性。但是，使用互相关函数识别 TDOA 进而求出干涉强度的最大值存在如下的缺点：

（1）互相关是时域分析方法，不能够很好地分析微震波这类非平稳信号。

（2）对噪声较为敏感，在存在噪声的情况下容易带来较大误差。

因此，如果采用时域、频域双域分析方法来分析监测到的非平稳信号，则有可能提高算法的精度。因为小波分析是时-频双域分析的有力工具，而小波交叉变换可以通过多尺度的时频分析来对比两个时间序列的相似关系[32]（2004 年 Grinsted），所以基于该方法，我们提出了小波交叉能量相关函数，来替换互相关函数以实现相似的功能。

5.5.2 基于交叉小波能量函数的干涉定位

这部分我们将利用上节定义的交叉小波能量函数对干涉定位进行改进。我们期望能够定义一个类似于 $f_{A, B}(t)$ 的函数 $g_{A, B}(t)$，$g_{A, B}(t)$ 的值能够更好地反映出 A 道信号在经过 t 的时延后与 B 道信号的同步程度，也即随着 $|t-\tau|$ 的减小 $g_{A, B}(*)$ 的值有增大的趋势，并在 $t=\tau$ 时 $g_{A, B}(t)$ 可取得最大值或接近最大值。同时希望：①$g_{A, B}$ 具有比较尖锐的峰值，从而可提高算法的分辨率；②具有非平稳信号的分析能力；③对于噪声影响更不敏感。

经过分析，我们发现定义如下的交叉小波能量 $|W_{xy}(u, s)|^2$ 可以很好地表达两个信号的同步情况，其复变量 $\arg(W_{xy})$ 可被理解为信号 $x(i)$ 和 $y(i)$ 在特定时域 u 和频率区间 s 处的局部相位差，在此基础上我们提出了小波交叉能量相关函数：

$$g_{A, B}(k) = \sum_{(u, s) \in \Omega} |W_{xy}^k(u, s)|^2 \tag{5-13}$$

其中 $\Omega = \Omega_1 \cap \Omega_2$，$\Omega_1$ 表示的是在红噪声假设下置信水平在 95% 以上的区域，Ω_2 是频率区间 $[2 \sim 256]$ Hz，k 是调整信号 $x(i)$ 和 $y(i)$ 之间延迟的参数，由于信号的不连续性，小波变换的边界效应在一定程度上影响了结果的精度，为了提高分析的准确性，我们还采用了影响锥（cone of influence）分析以去除小波变换的边缘效应的影响，并将此锥形区域在计算中和图示中排除掉。在以上限定区域和确定显著性水平内的交叉小波变换谱能量将被计算出来用于评价信号 $x(i)$ 和 $y(i)$ 的相关程度。

此算法的主体部分是从监测区域里所有被网格化的假设震源点 S' 中寻找真正的震源 S。搜索过程通过寻找监测区域中具有最大干涉能量函数 $m(S')$ 的点来实现，$m(S')$ 定义为：

$$m(S') = \sum_{A,B} g_{A,B}(\tau_{S'A} - \tau_{S'B}) \tag{5-14}$$

其中：函数 $g_{A,B}(*)$ 为我们新定义的用以取代互相关函数的交叉小波能量谱函数；$\tau_{S'A}$ 和 $\tau_{S'B}$ 表示通过距离和波速计算的走时。假设传播介质均匀波速均一，则走时可通过公式 $\tau_{S'A} = S'A/v$，$\tau_{S'B} = S'B/v$ 计算。

在搜索过程中，如果在空间某点 S' 处，经过计算其干涉函数 $m(S')$ 的值大于预设的阈值，同时 S' 还是函数 $m(*)$ 的局部极大值点，则 S' 可以标记为震源。需要注意的是，只有当监测区域所有点的 $m(*)$ 最大值被计算和对比之后方可识别出震源，因为只有知道 $m(*)$ 在监测区域所有点的取值后，我们才能知道 S' 是否为 $m(*)$ 的极大值点。

综合上述特点，我们设计了如图 5-6 所示的小波交叉能量相关函数计算的原理流程图和图 5-7 所示的干涉定位方法流程图。计算过程可以划分为如下的几个步骤。

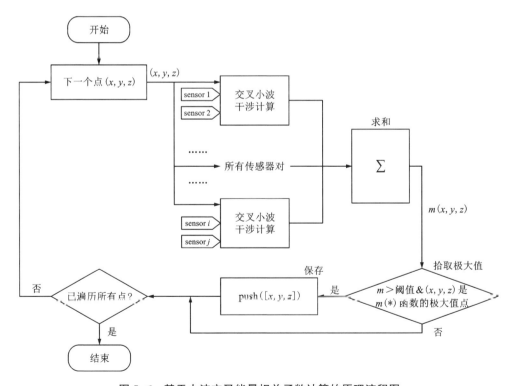

图 5-6　基于小波交叉能量相关函数计算的原理流程图

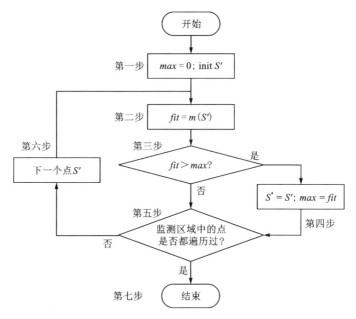

图5-7 基于交叉能量谱的干涉定位方法流程图

步骤1：对变量 max 赋初值为0，设置变量 S′为监测区域中的起始点，其中变量 max 用来标记找到的干涉函数 m(∗)的最大值，变量 S′用来记录当前的空间位置。

步骤2：计算 S′点处干涉函数 m(S′)的值，并将其保存在变量 fit 中。

步骤3：如果 fit>max，则跳转至第4步；否则，执行第5步。

步骤4：将 S′保存在变量 S^* 中，将 fit 保存在变量 max 中，也就是说 max = m(S^*)。

步骤5：如果监测区域中的所有点已经遍历，则执行第7步；否则跳转至第6步。

步骤6：按照事先指定的顺序获得下一个空间点，将其赋值给 S′，并跳转至第2步。

步骤7：程序结束。

5.5.3 模拟实验验证与参数学习

为了验证交叉小波干涉法的优越性，我们将其和传统的基于互相关函数的干涉定位法分别用于单震源、多震源的定位实验，以验证其性能的优越性和稳定鲁棒性等。其中在鲁棒性检验中每种实验分别对噪声、速度误差和检波器间距3种因素进行单独调节，以研究其对算法的影响程度。

　　模拟实验的模型和基本设置如图 5-8 所示。假设监测空间是一个 500 m×
500 m×400 m 的均匀介质各向同性的立方体，其上建立的坐标系如图 5-8 所示，
波速设置为 4 km/s。36 个传感器铺设在 z=0 的平面上，沿着 x、y 两个方向两两
相距 100 m，圆圈上的序号表示传感器的序号，如图 5-8 所示。

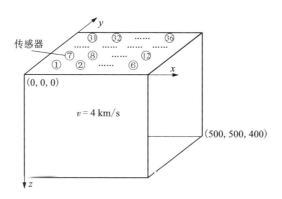

图 5-8　假设模拟实验设置模型图

（1）单震源实验

　　大部分定位方法都是针对单震源，而解析法也只能定位单震源。所以我们这
里首先对算法的单震源定位性能进行评估。以下从性能优越性和稳定鲁棒性两方
面对单震源定位的性能进行分析。

1）性能优越性

　　实验模拟了均匀速度模型在三维空间的定位情况，假设监测区域为由点（0，
0，0）和点（500，500，400）（单位：m）确定的立方体，如图 5-8 所示。微震波从
地下震源向地面发射，所有传感器位于地表 z=0 平面上，从（x=0，y=0）开始，
到（x=500，y=500）结束，间距为 100 m，共 36 道接收。采用现场测量到的微震
信号作为震源信号激发，并加入了 20 dB 的白噪声，波速设置为 4 km/s。当震源
位于（250，250，100）处时，激发得到的地面记录波场如图 5-9 所示，图中共有 36
条曲线，对应的是 36 道传感器信号，横坐标表示传感器的编号，纵坐标是时间
轴。位于每个传感器编号上方的曲线就是模拟的该传感器的信号。

　　对于上述的实验设置，采用了互相关干涉定位法和交叉小波能量干涉定位法
分别予以计算，干涉强度剖面如图 5-10 所示。图 5-10（a）和图 5-10（b）分别为
两种方法干涉强度的等高线图，可以看出交叉小波能量干涉定位法的能量更加地
集中，从而表明该方法的可靠性和准确性更好。图 5-10（c）和图 5-10（d）比较了
两种方法得到的干涉强度随单个坐标的变化情况，因为 x 坐标和 y 坐标是完全对
称的，因此图 5-10（c）不再重复画出，图 5-10（d）画出了干涉强度沿着 z 轴的变

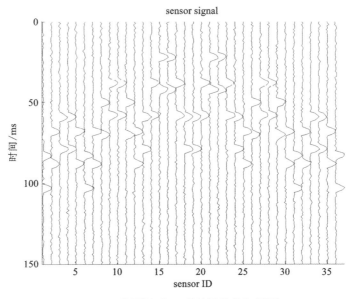

图 5-9 单震源时 36 道地震信号记录图

化情况。从图 5-10(c) 和图 5-10(d) 中我们可以容易获得两种方法的定位结果，即互相关干涉法的 (262, 262, 143) 点和交叉小波能量干涉法的 (249, 249, 103) 点。在这个例子中交叉小波能量干涉法获得了更好的结果。

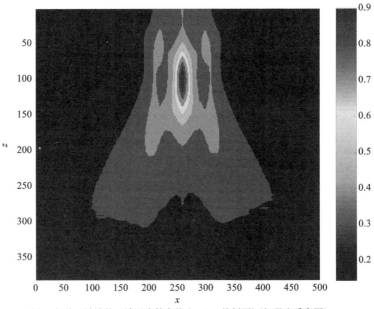

(a) 互相关干涉法的干涉强度等高线 (y = 250 的剖面) (扫码查看彩图)

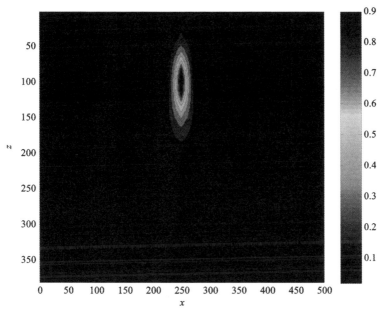

(b) 交叉小波能量干涉法的干涉强度等高线 ($y = 250$ 的剖面) (扫码查看彩图)

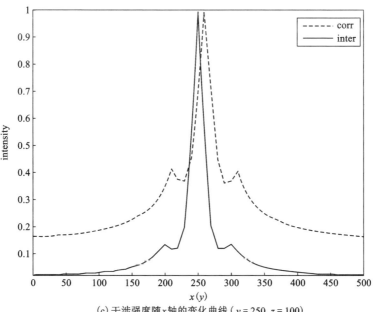

(c) 干涉强度随 x 轴的变化曲线 ($y = 250, z = 100$)

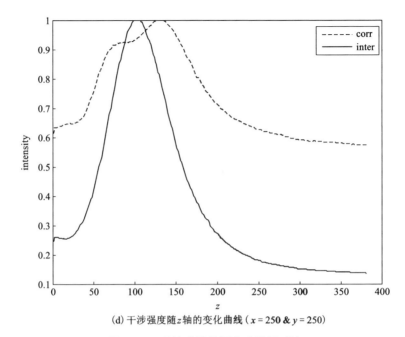

(d) 干涉强度随 z 轴的变化曲线 (x = 250 & y = 250)

图 5-10　干涉法的单源实验结果对比

2）稳定鲁棒性

在本节内容中我们对单震源时，两种算法中影响微震定位的 3 个最大因素的鲁棒性进行了测试对比。分别以速度、传感器间距和 SNR 为单一变量，研究他们对定位精度的影响。对于每种配置，实验将进行 1000 次，每次由算法随机地产生震源。分别列出误差的均值方差表和误差等级统计图。

①当速度和传感器布置间距不变，信噪比为 +Inf，20 dB、10 dB、5 dB，两种算法的定位误差的统计结果见表 5-9。由表 5-9 可知，在同一种信噪比条件下，新方法比旧方法的误差均值降低了 9.4% 到 63.39% 不等，标准差降低了 3.23% 到 63.98% 不等，新方法的优越性较明显。在信噪比变化的情况下，随着信噪比的减小，表中误差的绝对均值在交叉小波方法中由 0.53 m 增加到 19.55 m，但是在原干涉方法中，增幅由 0.58 m 增至 53.40 m，基础值和增幅值均较大，所以无论从算法本身的性能还是从噪声的影响方面，新方法的稳定鲁棒性都取得了较大的提高；两种算法的误差统计分布情况如图 5-11 所示。

表 5-9　单震源时，信噪比不同参数时的定位误差

序号	测试配置	SNR/dB	dist	$v/(\mathrm{km \cdot s^{-1}})$	误差均值/m	标准差
1	交叉小波法	Inf	100	4	0.53	0.62
	相关函数法	Inf	100	4	0.58	0.64
2	交叉小波法	20	100	4	8.98	6.03
	相关函数法	20	100	4	21.95	12.39
3	交叉小波法	10	100	4	11.78	8.12
	相关函数法	10	100	4	31.31	21.96
4	交叉小波法	5	100	4	19.55	13.71
	相关函数法	5	100	4	53.40	38.07

注：表中 SNR 表示信噪比；dist 表示传感器间距；v 表示地震波传播速度。

　　两种方法下 1000 次实验定位的误差大小如图 5-11(a)~(d) 所示。其中横轴表示统计误差级别，误差在 [0, 5)（单位：m）区间为一个等级，[5, 10) 为一个等级，每个等级为 5 m，误差大于 100 m 的统归为一个等级，纵轴代表 1000 次重复试验中在不同误差区域内的次数，黑色柱代表交叉法，白色代表原干涉法。在图 5-11 中，可更为直观地看到，信噪比无限大时两种方法定位误差都在 5 m 以下，随着信噪比降低，两种方法误差就逐渐增大，但是总体来说，交叉法误差基数较小，增长较慢，有优越性。

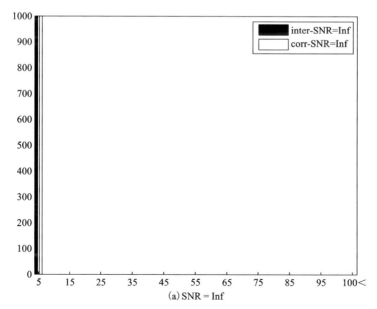

(a) SNR = Inf

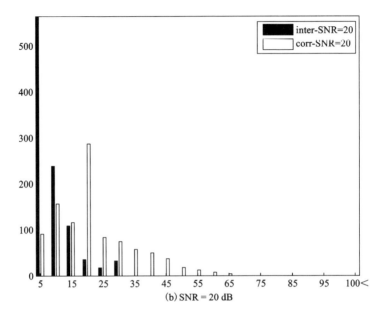

(b) SNR = 20 dB

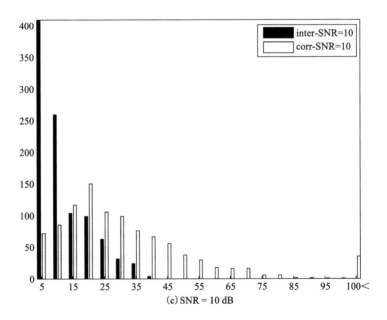

(c) SNR = 10 dB

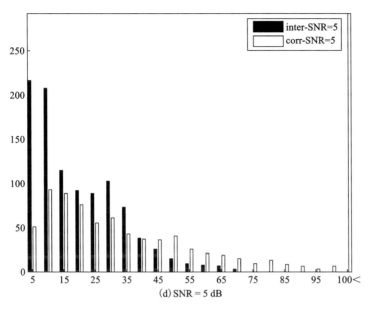

图 5-11　不同信噪比时两种算法的误差分布对比情况 (单震源)

②在速度和信噪比保持不变的情况下，只变化传感器的布置间距，分别采用了 100 m，50 m 和 10 m 3 种配置，两种算法的定位误差的统计结果如表 5-10。当传感器布置间距逐渐变小时，两个方法的定位精度稍有提高但变化不大，可见干涉在定位过程中有较好的叠加效果，对于传感器布置较稀疏时采用此方法也能取得可以接受的定位结果。两种算法的误差具体分布情况如图 5-12 所示。

表 5-10　单震源时，传感器距离不同时的定位误差

序号	测试配置	SNR/dB	dist/m	$v/($ km $\cdot$ s$^{-1})$	误差均值/m	标准差
1	交叉小波法	20	100	4	8.9750	6.0258
	相关函数法	20	100	4	21.9500	12.3875
2	交叉小波法	20	50	4	7.9650	4.8018
	相关函数法	20	50	4	19.5800	9.8194
3	交叉小波法	20	10	4	7.1800	4.0017
	相关函数法	20	10	4	19.0500	10.3491

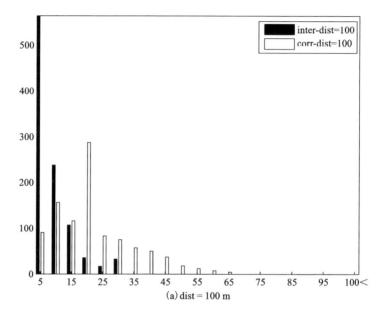

(a) dist = 100 m

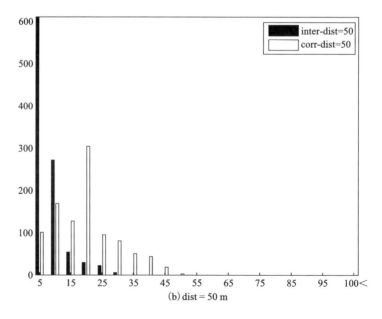

(b) dist = 50 m

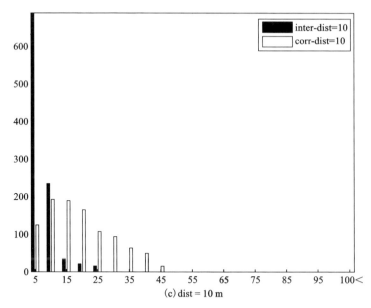

图 5-12　传感器布置间距变化时两种算法的误差分布对比情况（单震源）

③在信噪比（20 dB）和传感器布置间距（100 m）保持不变的情况下，只变化地震波的传播速度，分别采用 3 km/s、4 km/s 和 5 km/s 3 种配置，两种算法的定位误差的统计结果见表 5-11 所示。比较发现交叉小波能量干涉法对速度误差的适应性良好。两种算法的误差具体分布情况如图 5-13 所示。对比结果可以看出，不同波速设置对算法的结果影响不大。

表 5-11　单震源时，传播速度不同时的定位误差表

序号	测试配置	SNR/dB	dist/m	$v/(\text{km} \cdot \text{s}^{-1})$	误差均值/m	标准差
1	交叉小波法	20	100	3	9.1200	6.3770
	相关函数法	20	100	3	21.8400	12.4607
2	交叉小波法	20	100	4	8.9750	6.0258
	相关函数法	20	100	4	21.9500	12.3875
3	交叉小波法	20	100	5	8.9250	6.1120
	相关函数法	20	100	5	22.6450	12.6526

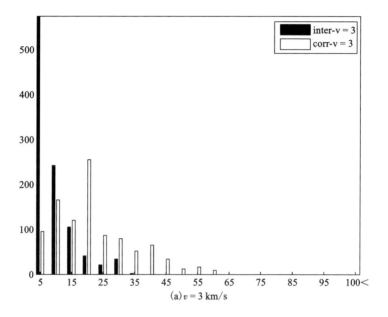

(a) $v = 3$ km/s

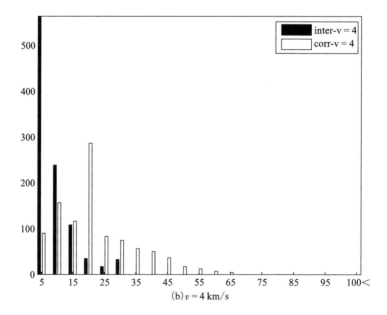

(b) $v = 4$ km/s

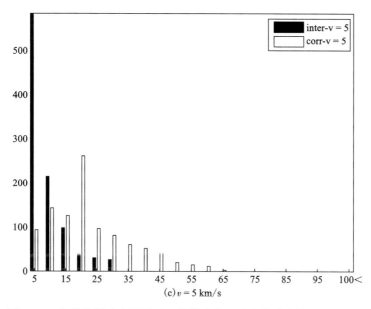

(c) $v = 5$ km/s

图 5-13　多种传播速度配置时两种算法的误差分布对比情况(单震源)

(2)多震源实验

地下岩爆等矿难前有时岩石会连续甚至同时破裂,发出多个微震信号,出现多个震源连续或同时激发,因此多震源定位方法对于确定目标、分析震源分布等,进行矿难预报是必要的。目前绝大多数定位方法都只能对单个微地震事件进行定位,这就需要对多道信号的到达波进行准确匹配,为准确自动定位带来了困难。而多震源定位正是干涉定位的特殊优势。下面将通过计算机模拟,测试当存在多震源时交叉小波能量干涉定位法在噪声、速度、传感器布置间距等因素影响下的稳定鲁棒性,并与互相关干涉法进行对比。

1)性能优越性

我们模拟的场景为所有传感器位于地表 $z = 0$ 平面上,从$(x = 0,y = 0)$开始,到$(x = 500,y = 500)$结束,间距为 100 m,共 36 道接收。采用现场测量到的微震信号作为震源信号多次激发,第一次是 0 时刻激发,0.02 s 后第二次激发,并加入了 20 dB 的白噪声,波速设置为 4 km/s。激发得到的地面记录波场如图 5-14所示,图中共有 36 条曲线,对应的是 36 道传感器信号,横坐标给出的是传感器的编号,纵坐标是时间轴。位于每个传感器编号上方的曲线就是模拟的该传感器的信号。

为了便于对比两种方法,我们将干涉强度在 $y = 100$ 和 $y = 250$ 时两个平面上的值相叠加得到如图 5-15 所示的干涉图,也即 $m(x,100,z) + m(x,250,z)$。互

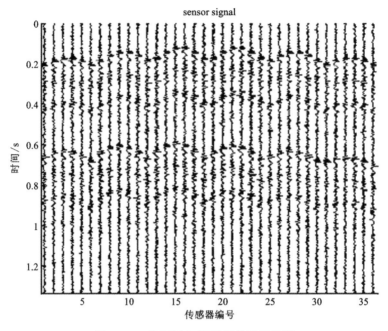

图 5-14　多震源 36 道地震信号记录图

相关干涉图如图 5-15(a)所示，图中可以明显地看到两个中心，这说明该方法能够同时确定多个震源位置，而不需要预先知道有无微震事件存在。交叉小波能量干涉图如图 5-15(b)所示。图中同样可以确定两个中心，并且可以看到，中心圆圈的尺寸要明显地小于相关函数法。这说明我们的方法可以更准确地定位，具有更高的分别率，也即对两个同时发生的微震的最小分辨距离优于互相关干涉法。

　　为了进一步地比较，我们每次只改变一个坐标值，并将两种方法的干涉强度绘制在一张图中进行比较，如图 5-16 所示。在图 5-16(a)中，我们固定 $y = 250$ & $z = 100$，画出了两种方法的干涉强度随 x 轴的变化曲线；图 5-16(b)中，固定 $x = 250$ & $y = 250$，画出了两种方法的干涉强度随 z 轴的变化曲线；图 5-16(c)中，固定 $y = 200$ & $z = 200$，画出了两种方法的干涉强度随 x 轴的变化曲线；图 5-16(d)中，固定 $x = 200$ & $y = 200$，画出了两种方法的干涉强度随 z 轴的变化曲线。图中的实线为交叉小波能量干涉法；虚线为互相关干涉法。通过比较可以看出，交叉小波能量干涉法定位更为准确，并且具有更加尖锐的峰值，这也就意味着交叉小波能量干涉法具有更高的分辨率。

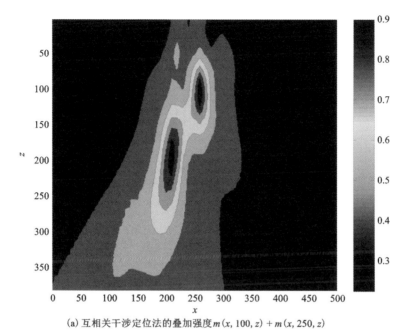

(a) 互相关干涉定位法的叠加强度 $m(x, 100, z) + m(x, 250, z)$

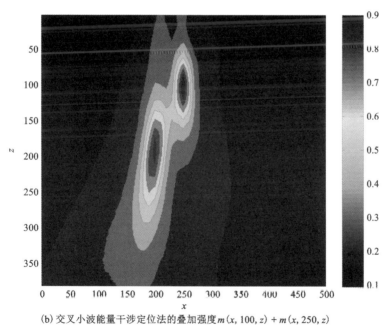

(b) 交叉小波能量干涉定位法的叠加强度 $m(x, 100, z) + m(x, 250, z)$

图 5-15　两种方法的干涉强度图（扫码查看彩图）

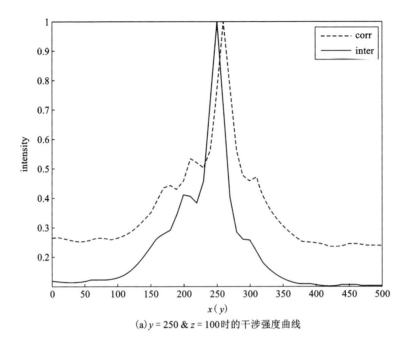

(a) $y = 250$ & $z = 100$ 时的干涉强度曲线

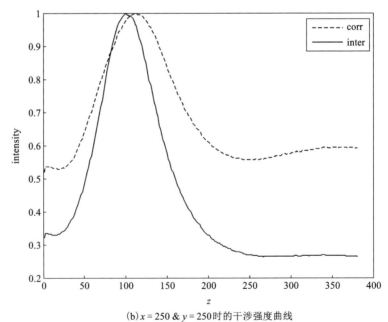

(b) $x = 250$ & $y = 250$ 时的干涉强度曲线

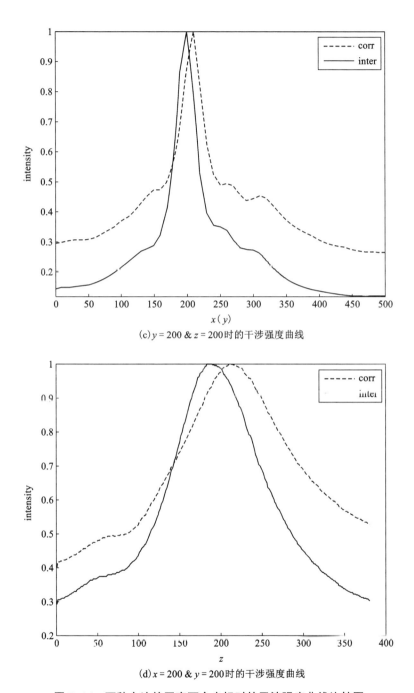

(c)$y = 200$ & $z = 200$时的干涉强度曲线

(d)$x = 200$ & $y = 200$时的干涉强度曲线

图 5-16　两种方法的固定两个坐标时的干涉强度曲线比较图

2) 稳定鲁棒性

接下来我们研究多震源时, 波的传播速度 v、传感器间距 dist 和信噪比 SNR 对小波能量干涉法性能的影响。下面我们将分别以速度、传感器间距和信噪比为单一变量, 评价它们对算法定位精度的影响。对于每种配置, 实验将进行 1000 次, 每次由算法随机地产生两个震源。同时, 为了便于微观比较, 我们将定位的结果按照误差等级进行了统计分析, 每个等级为 5 m, 即 $[0, 5)$ m 等级、$[5, 10)$ m 等级等, 误差大于 100 m 的归为一个等级。

① 在速度和传感器布置间距不变的情况, 人工添加噪声的信噪比分别采用 20 dB、10 dB、5 dB 和无穷大 ($+\mathrm{Inf}$) 4 种配置, 两种算法的定位误差的统计结果见表 5-12。从表中可以看出, 在交叉小波能量干涉法中定位误差的均值由 0.57 m 增加到 17.41 m, 但在互相关干涉方法中, 定位误差的均值由 0.62 m 增至 46.00 m, 基础值和增幅值均较大, 所以无论从算法本身的性能还是从噪声的影响方面我们的方法都取得了较大的提高; 两种算法的误差具体分布情况如图 5-17 所示。

表 5-12　多震源时, 信噪比不同时的定位误差表

序号	测试配置	SNR/dB	间距/m	$v/(\mathrm{km \cdot s^{-1}})$	误差均值/m	标准差
1	交叉小波法	20	100	4	0.57	0.79
	相关函数法	20	100	4	0.62	0.85
2	交叉小波法	10	100	4	10.53	7.03
	相关函数法	10	100	4	24.33	14.54
3	交叉小波法	5	100	4	11.58	7.49
	相关函数法	5	100	4	29.79	20.37
4	交叉小波法	Inf	100	4	17.41	12.28
	相关函数法	Inf	100	4	46.00	35.96

② 在速度和信噪比的设置保持不变的情况下, 只调整传感器的布置间距, 分别采用了 100 m、50 m 和 10 m 3 种传感器间距配置, 两种算法的定位误差的统计结果见表 5-13。当传感器布置间距逐渐变小时, 两种方法的定位精度稍有提高但变化不大, 可见干涉在定位过程中有较好的叠加效果, 在传感器布置较稀疏的情况下采用此方法也能取得较好的定位结果。两种算法的误差具体分布情况如图 5-18 所示。

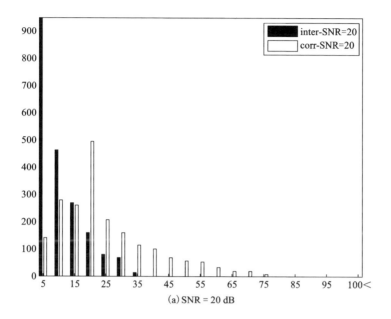

(a) SNR = 20 dB

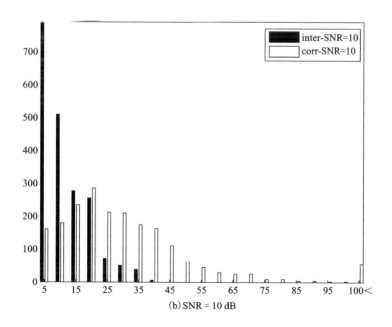

(b) SNR = 10 dB

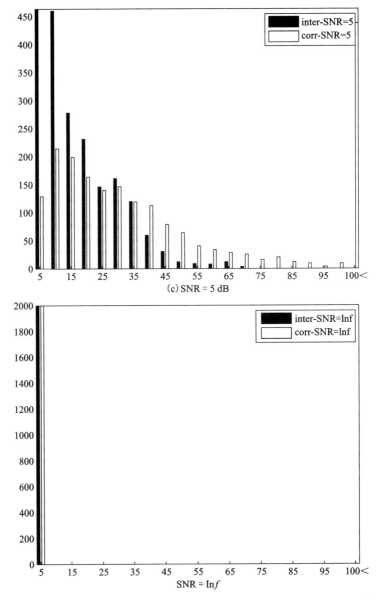

图5-17　在 SNR=5 dB, 10 dB, 20 dB, +Inf 4 种情况下两种算法的误差分布对比情况（多震源）

表5-13　多震源时，传感器距离不同时的定位误差表

序号	测试配置	SNR/dB	dist/m	$v/(\text{km} \cdot \text{s}^{-1})$	误差均值/m	标准差
1	交叉小波法	20	100	4	10.5275	7.0256
	相关函数法	20	100	4	24.3275	14.535

续表5-13

序号	测试配置	SNR/dB	dist/m	$v/(\text{km} \cdot \text{s}^{-1})$	误差均值/m	标准差
2	交叉小波法	20	50	4	8.935	5.3038
	相关函数法	20	50	4	20.2275	10.3278
3	交叉小波法	20	10	4	8.765	5.6649
	相关函数法	20	10	4	19.8875	10.9732

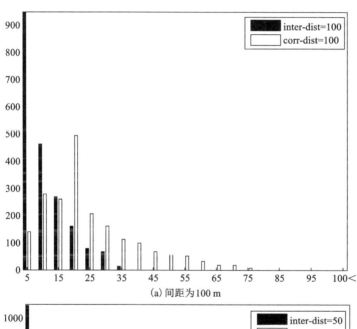

(a) 间距为100 m

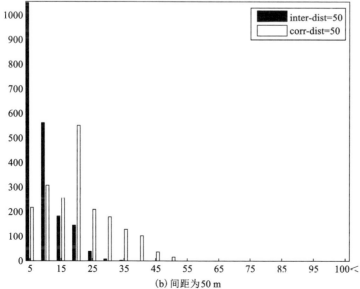

(b) 间距为50 m

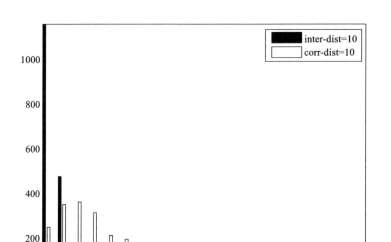

(c) 间距为 10 m

图 5-18 传感器布置间距不同时两种算法的误差分布对比情况（多震源）

③在信噪比为 20 dB、传感器布置间距为 100 m 的情况下，只变化地震波的传播速度，分别采用了 3 km/s、4 km/s 和 5 km/s 3 种配置，两种算法的定位误差的统计结果见表 5-14 所示。比较发现交叉小波能量干涉法对速度误差的适应性良好。两种算法的误差具体分布情况如图 5-19 所示。

表 5-14 多震源时，传播速度不同时的定位误差表

序号	测试配置	SNR/dB	dist/m	$v/(\text{km}\cdot\text{s}^{-1})$	误差均值/m	标准差
1	交叉小波法	20	100	3	10.7225	7.4979
	相关函数法	20	100	3	22.5775	12.2441
2	交叉小波法	20	100	4	10.5275	7.0256
	相关函数法	20	100	4	24.3275	14.535
3	交叉小波法	20	100	5	9.735	6.3482
	相关函数法	20	100	5	24.68	14.0141

上述的实验结果表明：在书中所有的实验配置中交叉小波能量干涉法都取得了比互相关干涉法更加准确的定位结果，并且不需要预先知道微震事件的时间分

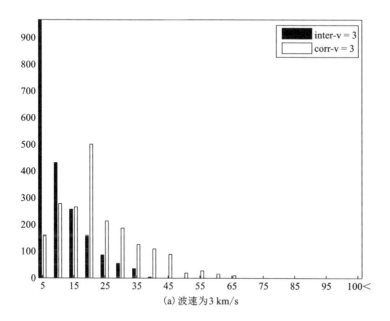

(a) 波速为 3 km/s

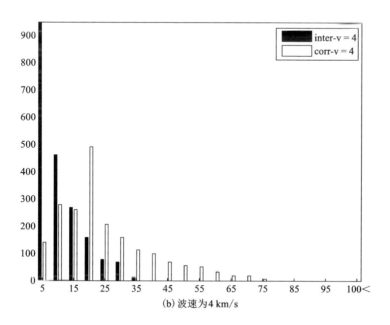

(b) 波速为 4 km/s

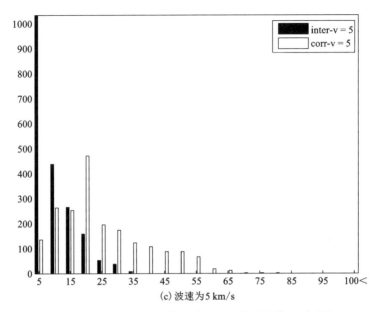

(c) 波速为5 km/s

图 5-19   波速变化时两种算法的误差分布对比情况(多震源)

布情况,一次性完成对多个震源的准确定位。同时,由于引入了多尺度时间-频率域计算,所以交叉小波能量干涉定位法可以更好地抗击噪声的影响,并在传感器布置间距增大时,维持良好的性能。

5.5.4   现场实验验证与对比

在进行模拟实验的同时,我们还进行了现场实验,以进一步验证算法的可用性。与模拟实验类似,在现场实验部分,方法本身的性能优越性即精确度和算法鲁棒性即参数学习部分都使用现场数据进行了验证。但因为同时多点爆破很难实现,所以在此部分只对单震源进行了研究。

(1)实验设置

本实验采用的微震监测数据全部取自贵州开磷用沙坝磷矿。用沙坝磷矿海拔+1350 m,采掘深度已达到地下 700 m,属于深井采矿的范畴。顶底板主要由白云岩页岩和砂岩组成,矿体矿石主要是褐色磷矿石,岩性稳定致密。其密度为3.22 t/m³,抗压为 147.89 MPa、抗拉强度为 4.46 MPa、抗剪强度为 36.67 MPa、弹性模量为 29.21 GPa,泊松比为 0.25,内摩擦角为 41.94°。20 余条强烈活动断层和 3 条矿脉的存在使得这一区域强烈失稳,特别是在金阳公路下的区域,故我们考虑在这一区域进行重点监测。鉴于本区域的工程地质条件,试验现场、可用预算和设备条件,最终采用了由南非 ISS(Integrated Seismic System)公司开发的自动的数据化 32 通道的监测系统用于数据收集。IMS(institute of mine seismology)传感器被分别布置于矿山不稳定部位,此种传感器采样频率为 6000 Hz,适用频率范围为 8~2000 Hz,可从多角度安装。

矿体中的传感器布置位置,试验中选取的爆炸点位置以及矿体模型如图 5-20 所示,传感器和爆破点位置坐标分别如表 5-15、表 5-16 所示,其采用的 WGS-84 坐标系,原点在地球质心,Z 轴指向 BIH 1984.0 定义的协议地球极 (CTP)方向,X 轴指向 BIH 1984.0 的零子午面和 CTP 赤道的交点。Y 轴与 Z、X 轴构成右手坐标系。坐标系统的分辨率是 1 m。本书中使用的坐标皆为以上定义的坐标系统。

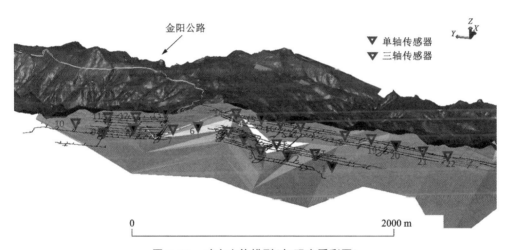

图 5-20 矿山实体模型(扫码查看彩图)

表 5-15 现场布置的传感器坐标

编号	坐标	标号	坐标
T1	(381077.08, 2996000.01, 931.60)	T2	(381211.18, 2996464.83, 931.60)
1	(380971.24, 2995790.77, 931.60)	2	(381092.19, 2996243.18, 931.60)
3	(381299.97, 2996630.72, 931.60)	4	(381377.60, 2996790.61, 931.60)
5	(381447.91, 2996915.33, 931.60)	6	(381382.46, 2997072.65, 931.60)
7	(381317.12, 2997244.78, 931.60)	8	(381302.91, 2997376.85, 931.60)
9	(381277.24, 2997590.28, 931.60)	10	(381260.63, 2997779.54, 931.60)
11	(381612.53, 2997810.08, 1081.60)	12	(381606.62, 2997647.03, 1081.60)
13	(381684.58, 2997460.55, 1081.60)	14	(381621.00, 2997310.74, 1081.60)

续表5-15

编号	坐标	标号	坐标
15	(381690.19, 2997074.72, 1081.60)	16	(381573.54, 2996951.43, 1081.60)
17	(381472.07, 2996783.25, 1081.60)	18	(381400.84, 2996632.61, 1081.60)
19	(381369.99, 2996436.86, 1081.60)	20	(381398.59, 2996275.20, 1081.60)
21	(381305.20, 2996087.08, 1081.60)	22	(381274.89, 2995856.38, 1081.60)
23	(381732.06, 2998077.64, 1121.60)	24	(381707.72, 2997975.13, 1121.60)
25	(381685.80, 2997859.31, 1121.60)	26	(381701.09, 2997716.63, 1121.60)

表 5-16　爆破点坐标

事件编号	x	y	z
1	381683	2997760	1107
2	381653	2997405	1099
3	381194	2996224	1014
4	381684	2997777	1107
5	381683	2997760	1107
6	381590	2997278	1053
7	381526	2997584	1044
8	381442	2998029	1017

图 5-20 中的三角形表示每个传感器的位置和标号，根据现场的实际地压显现情况和施工条件，在 920 中段 930 分层，1070 中段，1120 中段安装传感器。这些传感器安装在深孔径为 76~80 mm 的岩壁钻孔中，孔深 9~15 m，并应用灌浆固定。

本实验监测区域坐标为 x：380000~382000，y：2996000~2998000，z：900~1200，将此三维空间区域分为单位为 1 m 的立方体，则总共的网格数为 2000×2000×300。

（2）现场试验及微震源定位结果

在实际工程的实验中，在爆破发生的时候，并非每个传感器都可以成功测到信号，因为现场地质条件等复杂因素，总是有一些无法接收到信号的传感器被视为无效传感器，图 5-21 是第一个爆破事件发生时监测到的信号记录，其中水平轴代表传感器的编号，在事件 1 中有效传感器为 No.3，4，5，6，7，8，9，10，11，

12，13，14，15，16，17，24，25，26，T1 和 T2，信号缺失的传感器为 No.1，2，18，19，20，21，22，和 23。

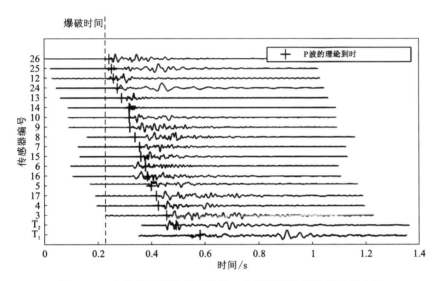

图 5-21　有效传感器监测到的第一个微震事件的信号时间序列

我们以此爆破事件为例，对测出的有效信号，分别使用互相关干涉方法和交叉小波能量干涉方法计算干涉强度，结果如图 5-22 所示。图 5-22(a)(b)(c) 分别是两种算法得出的沿着 x、y、z 3 个坐标轴的干涉强度曲线图。根据图中的峰值，互相关干涉方法和交叉小波能量干涉方法得出的定位结果分别为(381703，2997768，1119)和(381682，2997765，1101)，而根据表 6-8 预设的事件 1 实际的爆破点位置为（381683，2997760，1107），定位的绝对误差我们用公式(5-15)来计算：

$$绝对误差 = \sqrt{(x - x_r)^2 + (y - y_r)^2 + (z - z_r)^2} \qquad (5\text{-}15)$$

其中：(x_r, y_r, z_r) 和 (x, y, z) 分别指的是爆破点和识别出的位置的三轴坐标。

根据公式(5-15)我们得出的新旧方法的定位误差分别为 7.87 m 和 24.66 m，两种方法在 x-y，y-z 和 x-z 3 个截面上的干涉强度图分别如图 5-23(a) ~ 图 5-23(f)所示，从图中比较容易看出交叉小波能量干涉法有更好的精确度和集中度。

8 个爆破事件爆破时监测到信号的有效传感器的编号如表 5-17，并根据每个爆破事件被监测到的有效信号，对 8 个事件分别进行定位，两种算法得出的定位误差在表 5-18 中列出。由表中的对比结果可知，我们提出的交叉小波能量干涉法精确度更高，结果更稳定。

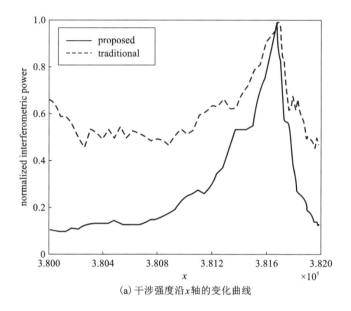

(a) 干涉强度沿 x 轴的变化曲线

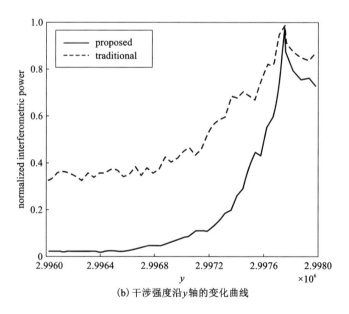

(b) 干涉强度沿 y 轴的变化曲线

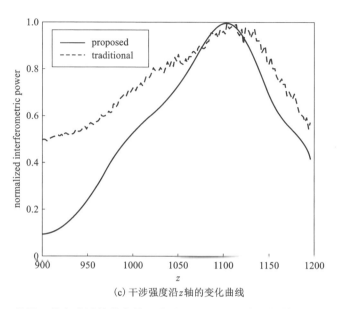

(c) 干涉强度沿 z 轴的变化曲线

图 5-22　使用两种方法计算的事件 1 分别沿 x、y、z 三个坐标轴的干涉强度曲线

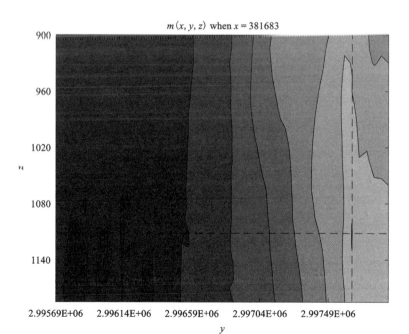

(a) 互相关干涉法在 y-z 平面的干涉强度

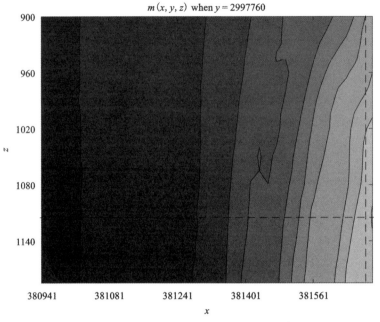

(b) 互相关干涉法在 x-z 平面的干涉强度

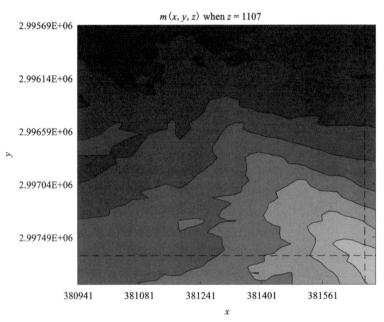

(c) 互相关干涉法在 x-y 平面的干涉强度

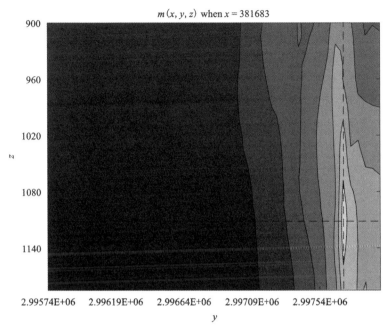

(d) 交叉小波干涉法在 y-z 平面的干涉强度

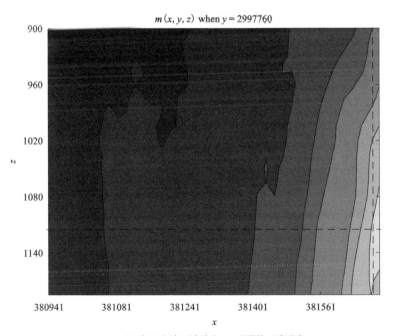

(e) 交叉小波干涉法在 x-z 平面的干涉强度

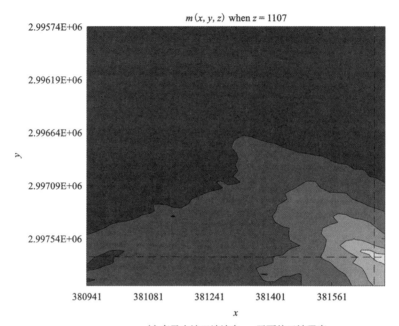

(f) 交叉小波干涉法在 $x-y$ 平面的干涉强度

图 5-23　使用两种方法计算的事件 1 的干涉强度在 3 个平面上的等高线图（扫码查看彩图）

表 5-17　每个爆破事件监测到信号的有效传感器编号

事件编号	有效的传感器编号
1	3, 4, 5, 6, 7, 8, 9, 10, 12, 13, 14, 15, 16, 17, 24, 25, 26, 27, 28
2	4, 8, 9, 10, 11, 12, 15, 16, 24, 25, 26, 28
3	1, 2, 3, 4, 5, 8, 15, 16, 17, 18, 19, 20, 21, 22, 27, 28
4	3, 4, 5, 6, 7, 8, 9, 10, 11, 12, 13, 15, 16, 17, 24, 25, 26, 27, 28
5	2, 3, 4, 5, 6, 7, 8, 9, 10, 15, 16, 17, 18, 24, 25, 26, 27, 28
6	1, 3, 4, 5, 6, 7, 8, 9, 10, 14, 15, 16, 17, 24, 25, 26, 27, 28
7	3, 4, 5, 6, 7, 8, 9, 10, 12, 13, 15, 16, 17, 24, 25, 26, 27, 28
8	7, 8, 9, 10, 15, 16, 23, 24, 25, 26

表 5-18　两种方法分别计算的爆破事件的震源坐标和误差

编号	互相关干涉法				交叉小波能量干涉法			
	x	y	z	误差	x	y	z	误差
1	381703	2997768	1119	24.66	381682	2997765	1101	7.87
2	381678	2997416	1134	44.40	381656	2997411	1105	9.00
3	381219	2996236	1030	32.02	381198	2996229	1015	6.48
4	381693	2997799	1118	26.19	381679	2997786	1114	12.45
5	381676	2997741	1132	32.17	381671	2997765	1108	13.04
6	381628	2997312	1068	53.15	381594	2997286	1058	10.25
7	381533	2997593	1054	15.17	381520	2997578	1046	8.72
8	381435	2998046	1037	27.17	381454	2998038	1021	15.52

(3) 现场试验的参数学习

考虑到现场试验的可行性，我们选取了传感器的数量和速度的测量误差两个参数进行学习。因为在现场测到的信号本身已经包含了噪声，所以我们对信噪比这一影响因素的研究被囊括在算法本身的精确性研究中。

1) 波速测量误差的不确定性

在模拟部分的实验室我们假设速度的传播介质为均匀且各项同性，但是在现场实际监测中，虽然波速是由专业的地质人员测出的，但是传播介质和模型极为复杂，测量的波速难免有误差，考虑到介质的各向异性和速度模型的误差，我们对速度衡量的不确定性做了研究，以在现场实际测到的波速 5346.47 m/s 为基准，计算中以 1%、3%、5% 这 3 个误差等级设置微震波的传播速度参数，使用两种方法分别计算震源位置，识别结果如表 5-19 所示。当不同的速度误差被考虑到时，新提出的方法具有更好的精确性和稳定性。

表 5-19　不同速度误差下两种方法对爆破事件的定位误差

事件编号	1%误差		3%误差		5%误差	
	传统方法	新方法	传统方法	新方法	传统方法	新方法
1	29.22	9.33	33.73	10.88	35.22	10.91
2	56.08	10.19	63.36	10.24	78.18	12.95
3	32.35	6.85	40.69	7.59	43.71	8.66

续表5-19

事件编号	1%误差		3%误差		5%误差	
	传统方法	新方法	传统方法	新方法	传统方法	新方法
4	29.81	16.03	33.78	20.66	41.98	21.03
5	41.24	15.38	52.26	16.16	65.12	20.21
6	60.36	12.38	76.35	15.55	91.85	18.45
7	17.73	11.24	20.49	13.63	21.56	17.41
8	27.47	16.30	27.81	18.35	32.82	

2）传感器的数量

在现场的实际测量中考虑到经费等问题，传感器的数量是十分有限的，而且并非所有传感器都可以正常工作，所以传感器的数量难免会影响到结果，造成了定位结果的不稳定，所以，为了调查传感器数量的影响，我们从表5-17列出的8个事件的有效传感器中分别随机选取了6、7、8个传感器，每个事件的每种传感器数量随机选取100次，然后使用选出的传感器的数据参与计算，得到的误差均值和方差如图5-24所示。对比两种定位方法定位8个微震事件得到的误差的中值，一分位和三分位皆可以看出新提出的方法精确性高且稳定性好。

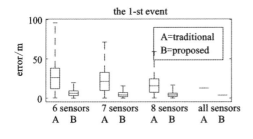

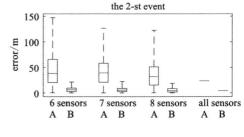

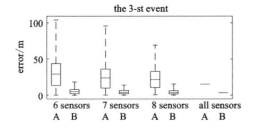

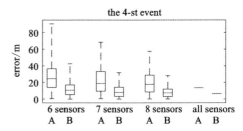

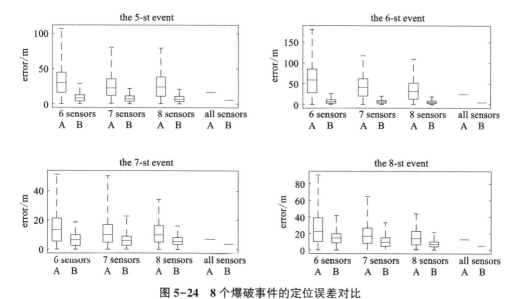

图 5-24 8 个爆破事件的定位误差对比

综上,算例分析及爆破试验均很好地证实了交叉小波能量干涉法的合理性和优越性,可以在实际工程中推广使用。

本章讨论了各向异性介质中的微震源定位和求解问题,提出了基于和声算法和遗传算法的两种求解模型。实验结果表明,各项异性介质模型求得的定位结果更加准确,这也说明了我们提出的各项异性介质与实际的矿山结构更为符合。

在数学意义和现场爆破试验两个方面,HDB 均体现出较 LM、SM、QN、MIO、SOMA、LM-GO、SM-GO、QN-GO、MIO-GO 等传统算法更准确的计算结果,具有较高的定位精度,是合理可靠的,克服了传统方法定位中速度难准确确定的缺陷,完善了微震定位方法,现场应用较传统方法更为方便,只需修改现有定位系统中数据处理模块即可,可以在现场实际微震源定位中推广使用。

干涉定位是新近发展起来的一种震源定位算法。该算法具有无需已知激发时刻,无需进行初至拾取和波场分离,能同时定位多个震源等优点。这也恰恰是传统的基于双曲面方程的解析定位的难点。然而经过本章分析,作为干涉定位方法核心的互相关函数存在抗噪性能差、振荡强烈、峰值不尖锐等缺点,导致干涉定位的误差较大。对此,考虑到地震信号的非平稳特性和小波所擅长的时间-频率双域分析能力,我们提出了基于交叉小波能量的干涉定位方法,该方法以本书提出的干涉小波能量相关函数代替了原算法的互相关函数,并佐之以 COI 分析、置信区间分析、谱系数加权平均等手段提高算法的精度和分辨率。我们通过模拟实验和现场爆破实验两种方式,对交叉小波能量干涉定位法与互相关函数干涉定位法在定位单震源和多震源时的性能进行了全面的比较，并在试验中对噪声影响、速度不确定性和传感器密度 3 个因素对算法精度的影响进行了评估，验证了新方法的性能优越性和鲁棒性。

参考文献

[1] 董陇军, 孙道元, 李夕兵, 等. 微震与爆破事件统计识别方法及工程应用[J]. 岩石力学与工程学报, 2016, 35(7): 1423-1433.

[2] LIENERT B R, BERG E, FRAZER L N. Hypocenter: An earthquake location method using centered, scaled, and adaptively damped least squares[J]. Bulletin of the Seismological Society of America, 1986, 76(3): 771-783.

[3] DONG L, LI X. Three-dimensional analytical solution of acoustic emission or microseismic source location under cube monitoring network[J]. Transactions of Nonferrous Metals Society of China, 2012, 22(12), 3087-3094.

[4] DONG L. Mathematical functions and parameters for microseismic source location without pre-measuring speed[J]. Chinese Journal of Rock Mechanics and Engineering, 2011, 30(10): 2057-2067.

[5] AKI K, LEE W H K. Determination of three-dimensional velocity anomalies under a seismic array using first P arrival times from local earthquakes, part 1: A homogeneous initial model[J]. Journal of Geophysical Research, 1976, 81(23): 4381-4399.

[6] AKI K. Determination of the three-dimensional seismic structure of the lithosphere [J]. Journal of Geophysical Research, 1977, 82(2): 277-296.

[7] 陈炳瑞, 冯夏庭, 李庶林, 等. 基于粒子群算法的岩体微震源分层定位方法[J]. 岩石力学与工程学报, 2009, 28(4): 740-749.

[8] 贾宝新, 赵培, 姜明, 等. 非均匀介质条件下矿震震波三维传播模型构建及其应用[J]. 煤炭学报, 2014, 39(02): 364-370.

[9] 董陇军, 李夕兵, 唐礼忠, 等. 无需预先测速的微震震源定位的数学形式及震源参数确定[J]. 岩石力学与工程学报, 2011, 30(10): 2057-2067.

[10] 张中杰. 地震各向异性研究进展[J]. 地球物理学进展, 2002, 17(2): 281-293.

[11] 雍龙泉. 和声搜索算法研究进展[J]. 计算机系统应用, 2011, 20(7), 244-248.

[12] 韩红燕, 潘全科, 梁静, 等. 改进的和声搜索算法在函数优化中的应用[J]. 计算机工程, 2010, 36(13), 245-247.

[13] HUANG L Q, LI X B, DONG L J, et al. Micro-seismicity monitoring and sound source position in anisotropic media[J]. Dongbei Daxue Xuebao/Journal of Northeastern University, 2015, 36: 238-243.

[14] 周民都, 张元生, 张树勋. 遗传算法在地震定位中的应用[J]. 西北地震学报, 1999, 21(2): 167-171.

[15] 李宁, 王李管, 贾明涛, 等. 改进遗传算法和支持向量机的岩体结构面聚类分析[J]. 岩

土力学, 2014, 35（s2）：405-411.

[16] 周科平, 古德生. 遗传算法优化地下矿山开采顺序的应用研究[J]. 中国矿业, 2001, 10 (5)：50-54.

[17] HUANG L Q, LI X B. A new location method of microseismic source without pre-measuring speed. Proceedings of the 3rd ISRM Young Scholars Symposium on Rock Mechanics, Xian: IEEE, 2014：581-586.

[18] 黄麟淇, 李夕兵, 董陇军, 等. 各向异性介质中的微震监测和声搜索定位方法[C]//全国岩石破碎工程学术大会, 沈阳, 2014.

[19] GEIGER L. Probability method for the determination of earthquake epicenters from the arrival time only[J]. Bull. St. Louis Univ, 1912, 8(1)：56-71.

[20] 林峰, 李庶林, 薛云亮, 等. 基于不同初值的微震源定位方法[J]. 岩石力学与工程学报, 2010, 29(5)：996-1002.

[21] WALDHAUSER F, ELLSWORTH W L. A double-difference earthquake location algorithm: Method and application to the northern Hayward fault, California[J]. Bulletin of the Seismological Society of America, 2000, 90(6)：1353-1368.

[22] 胡厚田, 白志勇. 土木工程地质[M]. 北京：高等教育出版社, 2009.

[23] 杨文东, 金星, 李山有, 等. 地震定位研究及应用综述[J]. 地震工程与工程振动, 2005, 25(1)：14-20.

[24] 董陇军, 李夕兵, 唐礼忠. 影响微震震源定位精度的主要因素分析[J]. 科技导报, 2013, 31(24)：26-32.

[25] DONG L, LI X. Hypocenter relocation for Wenchuan Ms 8.0 and Lushan Ms 7.0 earthquakes using TT and TD methods[J]. Disaster Advances, 2013, 6(13)：304-313.

[26] 李磊, 陈浩, 王秀明. 微地震定位的加权弹性波干涉成像法（英文）[J]. 应用地球物理：英文版, 2015(2)：221-234.

[27] SCHUSTER G T, YU J, SHENG J, et al. Interferometric/daylight seismic imaging[J]. Geophysical Journal International, 2004, 157(2), 838-852.

[28] SCHUSTER G T. Seismic interferometry[M]. Cambridge University Press, 2009.

[29] GRANDI S, OATES S J. Microseismic event location by cross-correlation migration of surface array data for permanent reservoir monitoring[C] // In 71st EAGE Conference and Exhibition 2009, 2009：31-37.

[30] HUANG L Q, HAO H, LI X B, et al. Source identification of microseismic events in underground mines with interferometric imaging and cross wavelet transform[J]. Tunnelling and Underground Space Technology, 2018(71)：318-328.

[31] RUSSENES B F. Analyses of rockburst in tunnels in valley sides[J]. Trondheim, Norwegian Institute of Technology Google Scholar, 1974.

[32] MENDECKI A J. Seismic monitoring in mines[M]. New York：Springer Science & Business Media, 1997.

第 6 章　矿山岩体灾害微震监测系统

前面章节分别从微震产生机制、震源定位原理及影响定位精度的因素、微震到时拾取方法、传感器布置优化设计和复杂介质中的微震定位方法等方面进行了阐述，本章则通过几个实例对微震监测系统构建与实施进行介绍，其中，以开阳磷矿用沙坝矿矿区微震监测系统实例进行重点介绍，对开阳磷矿沙坝土矿区微震监测系统和山东黄金玲珑金矿微震监测系统进行简要介绍。

扫码查看本章彩图

6.1　微震监测系统硬件要求

微震监测系统硬件主要包含：数据采集系统(传感器、数据采集基站)、时间同步系统、数据通信系统(通信电缆、光缆、交换机等)、数据存储系统(服务器或工作站)[1]。微震传感器分为加速度型传感器和速度型传感器两种类型，且均有单分量和三分量两种，防护等级应达到 IP 68。微震数据采集器用于获取由微震传感器感应到的地震波信号，可将信号传送至实时处理中心或存入本地记录硬盘。数据采集基站应满足以下技术参数要求[2]。

(1)具有实时数据采集、通信、时钟同步等功能。

(2)最高采样频率应不低于 5000 Hz。

(3)动态范围应不低于 90 dB。

(4)单基站通道数不得少于 4 个，且应具备可扩展性。

(5)具备防雷功能，配备防浪涌模块。

(6)防水、防尘的防护等级应达到 IP 54。

(7)在电网停电后，基站备用电源应能保证连续工作时间不小于 6 h。

(8)此外，数据采集基站应能在下列条件下正常工作。

①环境温度：-20~60℃。

②平均相对湿度：不大于 95%(+25℃)。

③大气压力：80~106 kPa。

④有爆炸性气体混合物，但无显著振动和冲击、无破坏绝缘的腐蚀性气体。

时间同步系统应同时具备卫星授时和网络授时功能，授时单元使整个系统同步于 GPS 时间，可以大大提高微震事件定位精度。时间同步误差应不高于 1 μs。

数据通信系统中，通信电缆宜采用阻燃、绝缘、屏蔽通信软电缆或双绞线，并符合国家相关工程标准要求；通信光缆宜采用阻燃单模通讯光缆，并满足国家相关工程标准要求。

数据存储系统应采用工作站或服务器，并配备 UPS 电源，在外部断电情况下能够持续运行 6 h 以上。除有关标准另有规定外，数据存储系统应能在下列条件下正常工作[3]：

（1）环境温度：15~30℃。

（2）相对湿度：40%~70%（+25℃）。

（3）温度变化率：小于 10℃/h，且不得结露。

（4）大气压力：80~106 kPa。

6.2　微震监测系统软件要求

微震监测系统中专用软件应具备以下功能[4]。

（1）数据解析

实时解析与存储基站上传数据，实时显示当前波形，自动记录震源事件，并保存至本地和云端。

（2）故障自诊断

实时监控基站、传感器及时钟同步系统状态以及异常情况。

（3）数据处理

微震监测系统软件最重要的功能为处理由传感器获取的单分量或三分量波形谱，自动处理高质量微震事件、事件定位以及确定微震频谱参数。软件具备相位计算、震源定位、震级计算、频谱参数估计等多参数的相互作用分析功能。软件可图示波形、旋转分量、极坐标图、信号能量、P 波和 S 波波谱以及修正后的位移谱图。从微震图中提取微震事件参数，包括微震能量、微震矩、幅度、微震时间等，用符号、大小和颜色进行显示。以等值线形式描述微震事件的各种参数，辅助确定出微震活动强的区域。

（4）可视化分析

①三维可视化监测结果和工程模型，支持通过时间、空间和震源参数等过滤监测结果。

②在三维环境下按照时间发生顺序以动画的形式播放监测结果。

③以云图的形式可视化表达监测结果，包含密度、能量、应力、位移等云图。

(5)统计报表

应能够生成事件频数图、微震参数直方分布图、微震参数折线变化图、微震参数散点关系图、B 值图、能量指数与累积视体积关系图等统计图表，并可根据监测处理结果输出日、周监测报表。

6.3 开阳磷矿用沙坝矿区微震监测系统构建与实施

用沙坝矿区微震监测区域范围大，水平方向 4000 多 m，8 个盘区，竖直方向上 3 个中段，近 200 m[5]。存在线缆布设工程量大，难度高，后期维护管理压力大等特点，因此微震线缆的合理铺设对后期数据接收、系统维护具有十分重要的意义。用沙坝矿区微震监测系统铺设光缆近 12000 m，电缆 8000 m。传感器与数据采集仪(NetADC)之间使用电缆线连接，数据采集仪(NetADC)与数据处理器之间采用光缆进行数据传输。电缆规格为 0.5 mm² 及以上多股裸铜导体，V-90RP 聚氯乙烯绝缘，整体铝聚酯胶带屏蔽。电缆两种类型：单分量传感器电缆为 3 对双绞线，三分量为 5 对双绞线。

光缆分为多模六芯和多模四芯两种类型。数据采集仪与数据处理器之间，数据处理器与井下数据中心之间采用多模四芯光缆；井下数据中心到地面监控中心(设在用沙坝矿调度室)使用多模六芯光缆进行数据传输。水平分层中的线缆沿着风水线铺设，上下分层之间需要通过管线井铺设，以保护线缆安全。为了便于日常维护管理，电缆、光缆、数据采集仪、数据处理器均挂设标识牌或者粘贴标识，写明线缆类型，连接具体设备等信息。开阳磷矿用沙坝矿区所采用的电缆与光缆如图 6-1 所示。电缆与光缆铺设完成后，需间隔一定距离在线缆上挂设线缆标识牌，如图 6-2 所示。

(a) 光缆   (b) 电缆

图 6-1 用沙坝矿区微震监测系统线缆

图 6-2 用沙坝矿区微震监测系统线缆标识牌

6.3.1 传感器安装

传感器的安装是用沙坝矿区微震监测系统建设最重要的一个环节，传感器安装到位与否直接影响后期数据的采集与分析，主要包括传感器电阻与接线、水泥浆液制备、传感器安装、坐标测定等方面工作[6]。

为了测试传感器是否正常及传感器连接线电阻是否影响其精度。在每个传感器安装过程中，需要用万能表直接测量传感器电阻及连接线电阻，见图 6-3。传感器正常电阻值为 $(34000\pm100)\ \Omega$，在此范围均可认为传感器正常。

图 6-3 传感器电阻测量图

传感器与孔壁的耦合情况将直接影响到微震系统的监测效果，而传感器与孔壁的耦合情况最关键的因素就是水泥浆。水泥浆采用普通硅酸盐水泥，标号

C35，按照水泥：水为 1：0.5 比例配制。为了增加注浆过程的流畅性及水泥浆液的固结速度，在浆液制备过程中添加适量的石灰粉。水泥浆必须搅拌均匀，在注浆过程中不得停止搅拌。调试水泥浆过程如图 6-4 所示。

图 6-4　水泥浆调试过程

　　传感器安装孔分为上向孔和下向孔，方向不同，注浆方式和难度完全不同。
　　(1) 下向孔注浆
　　下向孔注浆比较简单，首先将专用安装杆深入安装钻孔，清理周边碎石，避免安装传感器时卡在中间，不能到达预定位置；其次，利用专用安装杆将传感器送到指定深度，距离孔底 1~2 m，之后，取出安装杆，开始注浆。注浆时，直接将注浆管放在安装孔口，等水泥浆注到孔口时，停止注浆，待其自然凝固即可。注浆完成后见图 6-5。

图 6-5　下向孔注浆示意图

　　(2) 上向孔注浆
　　上向孔注浆考虑到孔底垂直高度产生的水头阻力，将水泥浆输送到上向孔孔底需要注浆设备泵送。

传感器注浆安装过程如下(图 6-6~图 6-10)。

①使用安装工具探明钻孔深度及是否有异物阻塞安装孔,防止碎石及钻孔深度不满足安装要求。

②将传感器与排气管进行捆绑,传感器位于排气管顶部下方 2~3 m,排气管顶部预制孔洞,将排气管伸入孔底,孔外预留 10~20 cm。

③使用安装工具将传感器运送至指定位置。

④在孔口预先放置注浆管,低于传感器 1 m 左右,采用胶皮管与碎布条密封孔口,密封长度 20~30 cm,注浆管孔外预留 5 cm 以上,注浆管直径与设备注浆胶皮管匹配。

⑤往钻孔注浆直至排气管排出水泥为止。

⑥注浆时,由注浆管进行注浆,排气管进行排气,当排气孔溢出浆液时表明注浆完成。

⑦封闭注浆金属管和排气管。

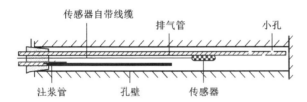

图 6-6　传感器注浆剖面示意图

图 6-7　将传感器送入安装孔

传感器注浆完成后,通过全站仪测量得到最终传感器埋设中心点的坐标,具体如表 6-1 所示。

浆液流出

图 6-8　传感器安装过程

图 6-9　注浆设备

图 6-10　传感器安装完毕

表 6-1　传感器埋设中心点坐标

传感器编号	传感器坐标		
	X	Y	Z
M1	2995767.963	380976.5819	943.3146747
T1	2996017.061	381055.1916	950.4573638
M2	2996242.011	381100.3036	941.4638559
T2	2996441.07	381252.3062	935.3987678
M3	2996625.981	381291.4112	938.9043516
M4	2996780.21	381413.5143	946.8809053
M5	2996923.433	381450.5215	946.9226247
M6	2997076.815	381381.5979	952.1801628
M7	2997259.039	381322.7653	940.1120186
M8	2997377.478	381292.2144	950.2539407
M9	2997581.627	381276.2771	942.1571956
M10	2997800.264	381271.2443	936.2424038
M11	2997812.762	381598.1721	1077.831642
M12	2997661.369	381605.0772	1081.950691
M13	2997471.662	381681.6152	1098.300379
M14	2997306.279	381624.2667	1083.597977
M15	2997091.643	381643.6981	1078.728512
M16	2996947.829	381559.9389	1095.806336
M17	2996791.713	381466.1254	1074.089045
M18	2996631.211	381398.5995	1081.212129
M19	2996438.687	381362.0925	1073.693123
M20	2996291.695	381418.105	1086.115219
M21	2996083.342	381304.8025	1093.038131
M22	2995844.482	381266.7014	1094.114704
M23	2998148.393	381747.3964	1128.146514
M24	2997988.683	381708.413	1119.315266
M25	2997858.065	381679.5225	1131.655739
M26	2997693.717	381693.4713	1119.298126

6.3.2 微震系统搭建

微震监测系统的建立包括三方面的工作：井下数据采集仪的安装，井下信息中心的安装与地面控制中心的搭建[3、4、7]。下面分别从这三方面展开详细介绍。

(1)井下数据采集仪的安装

根据矿山生产和微震监测技术的特点，用沙坝矿微震监测系统采用 32 通道，包含 26 支单分量微震传感器和 2 支三分量微震传感器。系统可以分为 4 个子系统，每个子系统 8 个通道，每个子系统的传感器布置在每个中段的穿脉或岩脉中，并分别针对 3 个中段的地压活动分区特点进行布置。综合考虑现场的实际地压显现情况和施工条件，在 920 中段 930 分层，1070 中段 1080 分层，1120 中段安装传感器。

由于矿山开采巷道南北走向狭长，东西走向较窄，传感器布置基本沿着巷道走向布置。这样一来，如果每个子系统采用一个 8 通道的模数转换器 netADC8，须将至少 5 个至多 8 个传感器连接到 netADC8。由于传感器和 netADC8 之间的延长线距离一定要小于 300 m，netADC8 所连接的传感器范围将限制于 600 m×600 m 之内，不能覆盖狭长的监测范围。

为使监测系统能较好地覆盖上述狭长形矿体的特点，采用由两个 4 通道模数转换器 netADC4 组成一个 8 通道的子系统，这样利用两个 netADC4 可以分置的特点，将原来一个 8 通道系统的覆盖范围由 600 m×600 m 增至 1200 m×600 m。两个 Net ADC 之间用光纤连接，由一个增强型数采处理器 netSP+ 带动，这样监测区域扩大了一倍，有效地利用了系统的功能，同时也节约了设备成本。利用以 4 个 netSP+ 处理器为标志的 4 个子系统，可以覆盖 3 个中段的监测范围。最后的方案即 4 台微震监测主站，4 台微震监测副站。每个主站配备一台增强型微震处理器 (netSP+) 和一个 4 通道微震数采单元 (netADC4)，每个副站布置一个 4 通道微震数采单元 (netADC4)，并且每个副站必须连接到对应的主台站 (netSP+)。图 6-11 为台站布置原理图。

台站安装位置的选定首先基于设备的安全防护考虑，同时需要兼顾所属传感器线缆有效距离的限制，所以在进行线路铺设后通过图纸初步选定、现场勘查确定最终的位置。保护箱一般位于分层巷道或中段铺设风水管、电缆线的一侧，位置则找相对周围凹陷处，防止井下大型车辆等的碰撞、破坏。井下台站的安装主要分为 3 步，设备保护箱的安装、光纤分接盒的安装、线路连接与电源供给。

①设备保护箱的安装。

MS 设备保护箱规格尺寸长×宽×高：70 cm×25 cm×70 cm，重量 15~20 kg，因此需要在事先选定的位置打两根 20，长度≥60 cm 的钢筋，必须保证钢筋进入岩体长度≥30 cm，两根钢筋务必在一个水平面上，且间隔以 50 cm 为宜，以保证保

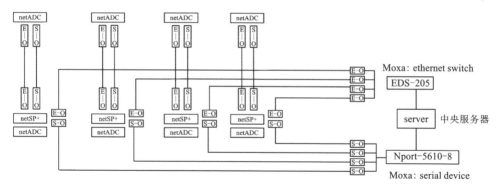

图 6-11　用沙坝矿 MS 系统台站布置原理图

护箱可以平稳地放置在钢筋上面。然后,利用 12 的膨胀螺栓固定设备保护箱的 4 个角,4 个角均用钢质耳朵、塑胶垫片、螺栓等提前铆定,这样保护箱就从整体上固定在了岩壁上(图 6-12)。

图 6-12　保护箱内部线路连接

②光纤分接盒的安装。

主站有两根光缆接入,一根连接副站的数据采集器 netADC4,另一根直通井下数据中心 DSL;副站只有一根光缆接入,一端连接副站中的数据采集器 netADC4,另一端与主站 netSP+相连。光缆主要是由光导纤维(细如头发的玻璃丝)和塑料保护套管及塑料外皮构成,是一定数量的光纤按照一定方式组成缆心,外包有护套,有的还包覆外护层,用以实现光信号传输的一种通信线路。光导纤维是极其脆弱,极易被损坏的,因此对负责信号传输、接入台站的光纤做防护处理是必要的(图 6-13)。光纤两端如果通过熔纤操作后直接与台站设备相连,在以后问题发生处理过程中,必然要频繁地查看线路,这样极有可能会对光纤的安全产生不利影响，因此考虑在光缆末端与台站接入之间设置一个分接箱(图6-14)。通过分接箱过渡，由光缆末端先接入分接箱，之后再利用尾纤与台站相连。这样在日常维护检修中，在需要确认线路问题时只用打开分接箱来查看通信状态，如果线路损坏，也可以在尾纤处进行打光寻找破损位置，避免了频繁打开台站导致设备受潮、粉尘进入而导致仪器故障。另外，尾纤的可靠性以及更换灵活性相对光缆而言均要有显著提高。

图 6-13　台站安装示意图

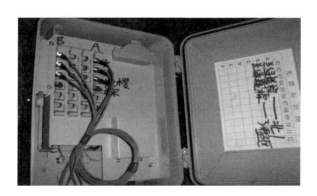

图 6-14　光纤分接箱内部联络结构图

③连线与电源供给。

将传感器与数据采集仪 netADC 通过电缆线相连接，但要注意连线的顺序和对应性，同时在台站附近的传感器电缆线上做好标识以识别具体传感器编号，便于日后传感器的检查维护管理。

数据传输光纤的连接，主要是数据采集仪 netADC 与数据处理器 netSP+之间，以及配套光电转换器上的对应连接。

微震监测台站需 220 V 电源供电，因此每一个台站附件都安装了变压器，同时，设备箱里面配备了较大功率 UPS 进行过流保护，并能起到停电时仍能采集数据的作用。

（2）井下信息中心的安装

井下数据交换中心作为整个系统的中枢，起到井下数据的采集、转换及连接地表工作站的作用。在其布置时应考虑以下几点。

①选择较为安静的地点，远离采矿作业区。

②应尽量靠近传感器，尽量缩小通信电缆的总长度。

③建在较为稳固的硐室中，以确保"中心"的安全。

④考虑便于利用井下电源，方便与地面监控中心的通讯。

⑤考虑井下通风、防潮等环境问题。

⑥便于通信电缆、光缆的铺设。

综合考虑以上要求，根据矿山井下的实际情况，1080 分层平巷 N1 盘区值班硐室完全满足作为井下数据交换中心的要求，见图 6-15。

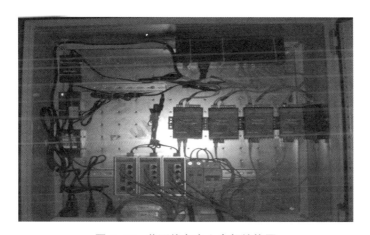

图 6-15　井下信息中心内部结构图

（3）地面监控中心的搭建

地面监控中心是接收通过光缆传输的井下微震信号，再经过光纤收发器输入计算机进行处理、分析，是技术人员进行设备运行状态监测、微震数据处理与分析的工作场所，并可以作为井下安全生产监控的展示窗口。地面监控中心设在用沙坝矿办公楼调度室，见图 6-16。

6.3.3　系统维护

微震监测系统具有实时监测井下生产情况的优点，对一些人员无法探知的区域和无法靠近的危险区域，微震监测系统的作用更加明显。由于矿山的生产是连续的，确保人员安全的监测工作也必须是连续的。因此，用沙坝矿建立了单独的

图 6-16   用沙坝矿微震监控中心

监控室，设置在调度室，并派专人负责查看仪器的运行状况以及处理日常的监测数据。

矿内工作人员除每天负责查看仪器的运行状况外，还要实时查看系统监测到的微震事件，若发现设备出现故障或者监测到异常的地震波事件，及时反馈，联系相关人员排除故障，并对危险区域进行及时预报。

为了实现远程监控，本系统安装了远程监控软件，IMS 总部、IMS 中国中心以及中南大学均可通过网络实现异地远程监控微震监测系统数据采集（图 6-17），同时进行监测数据的远程查看和处理，如发生异常情况，可及时与用沙坝矿微震监测系统管理人员联系，防范危险事故的发生，确保井下安全开采。

微震监测系统从 2013 年 8 月 10 日即开始在局部区域采集到信号，但只是部分连接完好台站的信息，未能实现整个系统的信号采集。其原因在于电缆、光纤损坏导致传输中断。为此花费了一个月时间进行线路的整修。整个系统搭建起来后，截至 9 月 5 日，10 天时间已先后中断 4 次，此后，9 月 18 日中断一次，10 月 8 日再次中断，10.15—10.25 日一个主台站（包含 8 通道）处于中断状态，11 月 17 日一个台站全部停止工作，经排查其原因在于人为地将配电箱关闭造成供电故障，12.21—12.27、2013.12.29—2014.12 整个系统因为停电都处于完全瘫痪状态，这些问题对微震事件日常处理以及合理、准确分析带来极大困难。图 6-18 为在线监测台站信号传输情况。

针对以上问题，建议采取下面几个方面的措施来保证井下线缆安全，及时发

图 6-17　中南大学微震监测研究中心

NetSP Records

NetADC Serial	Last Contact Time	Last State	Defined in Configs	Net Id	Hardware Type	Update Center
NA4120031	2014-01-02 14:41:00	ALIVE	true	293	netADC_4	netADC
NA4120032	2014-01-02 14:41:00	ALIVE	true	293	netADC_4	netADC
NA4120029	2014-01-02 14:41:00	ALIVE	true	293	netADC_4	netADC
NA4120035		LOST_COMMS	true	293	netADC_4	netADC
NA4120030	2014-01-02 14:41:00	ALIVE	true	293	netADC_4	netADC
NA4120033	2014-01-02 14:41:00	ALIVE	true	293	netADC_4	netADC
NA4120028	2014-01-02 14:41:00	ALIVE	true	293	netADC_4	netADC
NA4120034	2014-01-02 14:41:18	ALIVE	true	293	netADC_4	netADC

通信正常

通信中断

Thu Jan 02 14:41:18 CST 2014

图 6-18　微震监测系统台站运行状态

现问题，确保微震监测系统的健康、稳定运行。

①每天定时打开微震设备监测软件 IMS-Synapse（图 6-19），查看台站及传感器工作状态是否正常，并在《IMS 微震设备运行状态记录表》上做好相关记录说明；或者通过登陆 IMS 设备远程监控服务器，在线监测查看设备运行状况，具体网址：http://222.85.135.26:8001/ims-synapse/index.jsp。

②针对井下 18#传感器出现外接盒破损情况，需要对外接盒进行保护，以避免破坏后水、颗粒物等进入破坏电路板导致传感器停止工作。具体保护措施可采取在外接盒外部安装硬质金属保护壳等方法。

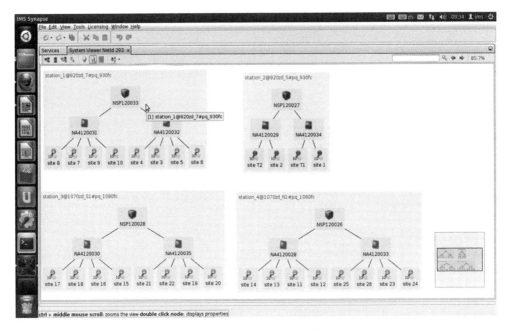

图 6-19 Synapse 监控界面

③微震设备管理人员每周定期2~3次查看线路状况，对因岩壁片帮或其他活动导致挂钩脱落、线缆松弛的地方及时在岩性良好处增补挂钩，重新固定、拉紧线缆；尤其是井下光缆，要特别注意放置在安全、不易被车辆触碰的位置。

④在井下需要在有微震线缆，尤其需要在光缆铺设的平巷岩壁上进行掘进、开拓活动时，若微震监测系统铺设线缆受到影响，须提前3~5个工作日通知微震系统管理人员，以便提前采取线缆保护措施。

⑤加强井下工作人员线缆安全保护意识教育，各中队或班组在开采、运输等过程中注意对线缆的保护，避免碰、擦线缆。在作业或者其他工作过程中，如果发现线缆破损情况，请及时通知调度室，转告微震监测系统管理人员以便尽快修复。

6.4 山东黄金玲珑金矿微震监测系统实例

玲珑金矿是我国黄金矿山开采历史最悠久和开采深度最大的黄金矿山之一，在九曲矿区的大开头矿段地表标高为+255 m，目前开采深度已经达到地下900 m以下。由于早期采矿方法简单，没有及时充填采空区，造成地下赋存大量采空区。在采空区影响范围内，二次应力高度集中，而矿体围岩属于强岩爆倾向性的花岗岩，在此区域内进行巷道掘进和其他生产活动时，爆破扰动引起应力重新分布，极易形成应力集中区域，从而引发岩爆等地质灾害[8-10]。在-620 m、-670 m、-694 m 水平的开拓过程中，已出现过显著的岩爆现象，造成了井下人员受伤与矿山财产损失。

随着开采深度的不断增加，地应力也在不断增大，发生岩爆等灾害的风险也在逐渐增加[5, 11, 12]。为此玲珑金矿与中南大学合作构建了大开头矿段地压微震在线监测系统，对深部区域进行实时、长期的监测，以减少深部灾害事故的发生，确保矿山安全高效地生产运营。根据现场调研圈定了微震监测区域，课题组成员提出了 6 个可行的传感器布局方案，评价指标体系及数据见表 6-2。

表 6-2　微震台网布设方案综合评价指标

方案编号	经济指标/万元			技术指标				
	X_1	X_2	X_3	X_4/m	X_5/m	X_6	X_7/%	X_8/年
I	90	16.5	8.6	30	31	0.5	55	5
II	124	25.5	12.5	28	20	-1.2	75	5
III	102	17.6	9.6	14	14	-1.6	85	8
IV	158	32.0	16.2	24	19	-1.4	85	6
V	123	23.6	12.4	16	16	-2.0	80	8
VI	242	48.2	31.0	16	15	-1.6	89	8

注：$X_1 \sim X_8$ 分别代表设备购置费、设备安装费、系统维护费、水平方向定位误差、竖直方向定位误差、灵敏度、重点监测区域覆盖率、系统有效服务年限等指标。

6.4.1　原始数据预处理

由表 6-2 可知共有 6 个待评价的微震台网布置方案，每个方案共有 8 个相关指标，构成一个 6×8 阶的原始样本数据观测矩阵 X。

对其进行指标类型统一化和无量纲化处理，对负向指标 $X_1 \sim X_6$、正向指标 $X_7 \sim X_8$ 进行极差正规化处理，将原始指标矩阵 X 转换成一致化指标决策矩阵 Z。

$$Z = \begin{bmatrix} 1.00 & 1.00 & 1.00 & 0.00 & 0.00 & 0.00 & 0.00 & 0.00 \\ 0.78 & 0.72 & 0.83 & 0.13 & 0.65 & 0.68 & 0.64 & 0.00 \\ 0.92 & 0.97 & 0.96 & 1.00 & 1.00 & 0.84 & 0.90 & 1.00 \\ 0.55 & 0.51 & 0.66 & 0.38 & 0.71 & 0.76 & 0.90 & 0.33 \\ 0.78 & 0.78 & 0.83 & 0.88 & 0.88 & 1.00 & 0.77 & 1.00 \\ 0.00 & 0.00 & 0.00 & 0.88 & 0.88 & 0.84 & 1.00 & 1.00 \end{bmatrix} \quad (6-1)$$

6.4.2 选定主成分

通过计算得到一致化指标决策矩阵 Z 的协方差矩阵 Σ，再求出 Σ 的 8 个特征值和特征向量对，此步骤可以借助专业统计软件 SPSS 进行求解，本书略过详细过程。本次主成分分析的特征值和方差分析表、碎石图分别见表 6-3、图 6-20。

表 6-3　特征值和方差分析表

主成分	特征值 λ	信息贡献率/%	累积贡献率/%
F_1	0.840	68.246	68.246
F_2	0.292	23.730	91.976
F_3	0.089	7.240	99.216
F_4	0.008	0.620	99.836
F_5	0.002	0.164	100
F_6	0	0	100
F_7	0	0	100
F_8	0	0	100

由图 6-20 可以看出 Σ 的 8 个特征值的大小分布情况，第 3 个 λ 处开始变得比较平缓，再由表 6-3 可知，第一主成分的信息贡献率为 68.246%，并不能代表全部信息，前两个主成分的累积贡献率已达 91.976%，涵盖了绝大部分的原始信息。所以提取两个主成分作为新的综合指标进行方案优选，将 8 维特征映射到二维上，极大地综合简化了评价系统，且两个主成分之间的协方差为 0，意味着两个主成分之间互不相关。

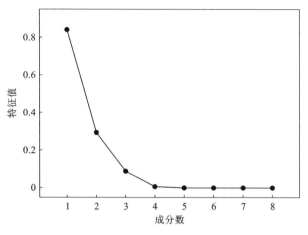

图 6-20 主成分分析碎石图

6.4.3 计算综合评价值

由上一步可知提取前两个特征值对应的主成分作为新的综合指标,其对应的特征向量即为相应原始指标的系数。经标准化后的前两个特征值的特征向量分别为 e_1、e_2:

$$e_1 = \{-0.109, -0.106, -0.110, 0.198, 0.138, 0.129, 0.146, -0.265\}^T$$

$$(6-2)$$

$$e_2 = \{0.322, 0.357, 0.336, 0.248, 0.125, 0.129, 0.146, -0.265\}^T$$

$$(6-3)$$

根据公式(6-2)、公式(6-3)可得:

$$F_1 = e_1 Z = -0.109Z_1 - 0.106Z_2 - 0.110Z_3 + 0.198Z_4 +$$
$$0.138Z_5 + 0.129Z_6 + 0.146Z_7 - 0.265Z_8 \qquad (6-4)$$

$$F_2 = e_2 Z = 0.322Z_1 + 0.357Z_2 + 0.336Z_3 + 0.248Z_4 +$$
$$0.125Z_5 + 0.099Z_6 + 0.003Z_7 - 0.296Z_8 \qquad (6-5)$$

由公式(2-22)再重新计算前两个主成分的加权权重:

$$w_1 = \frac{\lambda_1}{\lambda_1 + \lambda_2} = 0.74 \qquad (6-6)$$

$$w_2 = \frac{\lambda_2}{\lambda_1 + \lambda_2} = 0.26 \qquad (6-7)$$

各方案的综合评价值 $F = 0.74F_1 + 0.26F_2$,可得各方案的 F_1、F_2 得分值及其综合评价值,见表 6-4。

表 6-4 各方案 F_1、F_2 得分及综合评价值

方案编号	F_1	F_2	综合评价值
Ⅰ	-1.618	-0.201	-1.25
Ⅱ	-0.608	-0.324	-0.53
Ⅲ	0.463	1.418	0.71
Ⅳ	0.167	-0.502	-0.12
Ⅴ	0.504	0.925	0.61
Ⅵ	1.24	1.317	0.58

由上表可得各方案的综合评价值排序为Ⅲ>Ⅴ>Ⅵ>Ⅳ>Ⅱ>Ⅰ，所以此次玲珑金矿微震监测台网布置方案综合评价优选出方案Ⅲ，优选出的方案保证了在符合技术要求的同时投资费用较少，即综合评价值最大，更加符合工程建设的实际情况。此方案也成为玲珑金矿微震系统构建的最终方案。

6.4.4 微震监测系统精度分析

衡量一套微震监测系统的性能和可靠性主要取决于其定位精度以及满足定位精度要求的监测范围与监测对象是否一致。研究表明，微震监测系统定位精度除与监测系统仪器性能有关外，主要取决于速度模型和监测台网的传感器空间布置方式，在给定速度模型时，可以通过优化传感器空间位置，提高整个监测系统的性能。因此，需要对已确定的方案进行震源定位精度计算，以确定最优化的微震监测系统网络的布置。

（1）传感器的布置优化

传感器布置优化问题最初来源于地震台网优化布置，Sato 和 Skoko 提出用蒙特卡罗法进行地震台网监测能力的数值计算研究，并绘制了监测区域震源参数的误差等值线，随后，Kijko 基于 D 值最优设计理论提出了设计微震传感器的方法。D 值理论认为震源参数协方差矩阵行列式大小正比于误差椭球体体积，行列式越小，椭球体体积越小，震源参数分布越集中，参数估计越准确。

微震监测系统采用 P 波初次接收的时间进行定位，震源传播到传感器的最短时间可由公式（6-8）表示：

$$t_i = T_i(H, V, X_i) + t_0 \tag{6-8}$$

式中：$H = (x_0, y_0, z_0)$ 和 $X_i = (x_i, y_i, z_i)$ 分别为震源和第 i 个传感器的坐标；V 为 P 波的波速；t_0 为发震时刻；t_i 为读入的 P 波到达时刻，$i = 1, 2, \cdots, n$。

对于均匀各向同性速度模型，从震源 H 到第 i 个传感器的走时为：

$$T_i(H, V, X_i) = \frac{\sqrt{(x_0 - x_i)^2 + (y_0 - y_i)^2 + (z_0 - z_i)^2}}{V_P} \quad (6-9)$$

为进行震源定位，目标函数可以写成：

$$\theta = \sum_{i=1}^{n} |r_i|^2 \quad (6-10)$$

式中：r_i 为残差，即观测值 t_i 与 P 波计算到时值 $T_i(H, V, X_i)$ 之差。通过求解公式(6-10)的最小值，所求的参数值 $\hat{\theta}$ 为参数 θ 的最小二乘估计，为了估计 $\hat{\theta}$，通常先提供尝试矢量 $\boldsymbol{\theta}^{(n)}$，并减少目标 θ 的值，对走时 $T_i(H, V, X_i)$ 应用一阶泰勒式线性化后，在每次迭代过程中：

$$\boldsymbol{\delta\theta}^{(n)} = (\boldsymbol{A}^{\mathrm{T}}\boldsymbol{A})^{-1}\boldsymbol{A}^{\mathrm{T}}\boldsymbol{\delta r}^{(n)} \quad (6-11)$$

式中：$\boldsymbol{\delta r}^{(n)}$ 为在空间内点 $\theta^{(n)}$ 上的时间残差矢量；$\boldsymbol{A}$ 为在 $\boldsymbol{\theta}^{(n)}$ 上计算的式(6-10)对参数 θ 的($n \times 4$)偏微分矩阵。

$$\boldsymbol{A} = \begin{bmatrix} 1 & \partial T_1/\partial x_0 & \partial T_1/\partial y_0 & \partial T_1/\partial z_0 \\ 1 & \partial T_2/\partial x_0 & \partial T_2/\partial y_0 & \partial T_2/\partial z_0 \\ \vdots & \vdots & \vdots & \vdots \\ 1 & \partial T_n/\partial x_0 & \partial T_n/\partial y_0 & \partial T_n/\partial z_0 \end{bmatrix} \quad (6-12)$$

Kijko 和 M. Sciocatti 认为传感器位置的优化取决于协方差矩阵 $\boldsymbol{C}_\theta(\boldsymbol{X})$：

$$\boldsymbol{C}_\theta(\boldsymbol{X}) = k(\boldsymbol{A}^{\mathrm{T}}\boldsymbol{A})^{-1} \quad (6-13)$$

$\boldsymbol{C}_\theta(\boldsymbol{X})$ 的特征值为椭球体主轴的长度，对不同的传感器布置方案 X，各主轴长度之积越小，椭球体体积越小，估计参数的分布就越集中，定位就越准确，布置方案 X 就越有利。椭球体体积与 $\sqrt{\det[\boldsymbol{C}_\theta(\boldsymbol{X})]}$ 成正比，协方差矩阵 $\boldsymbol{C}_\theta(\boldsymbol{X})$ 的行列式越小，椭球体体积越小，满足 $\sqrt{\det[\boldsymbol{C}_\theta(\boldsymbol{X})]}$ 最小的传感器设计方案 X 称为最优传感器布置方案。在考虑随机误差中 P 波波速和 P 波首次到时读入误差的影响后，协方差矩阵可写成：

$$\boldsymbol{C}_\theta(\boldsymbol{X}) = k(\boldsymbol{A}^{\mathrm{T}}\boldsymbol{W}\boldsymbol{A})^{-1} \quad (6-14)$$

其中，对角矩阵 $\boldsymbol{W}$ 中的对角元素可表示为：

$$W_{i,i} = \frac{1}{\left(\dfrac{\partial T_i}{\partial V_P}\right)^2 \sigma_{V_P}^2 + \sigma_t^2} \quad (6-15)$$

式中：σ_{V_P} 和 σ_t 分别为 P 波波速和 P 波首次到达时读入方差；V_P 为 P 波波速；T_i ($i-1, 2 \cdots, n$) 为第 i 个传感器到震源 $H = (x_0, y_0, z_0)$ 的传播时间。

Kijko 定义震中位置标准差为平面圆的半径，该圆的面积等于在(x_0, y_0)处标准误差椭圆的面积，由此，确定震中误差 σ_{xy}：

$$\sigma_{xy} = \sqrt{\sqrt{\boldsymbol{C}_\theta(\boldsymbol{X})_{22}\boldsymbol{C}_\theta(\boldsymbol{X})_{33} - \boldsymbol{C}_\theta(\boldsymbol{X})_{23}^2}} \quad (6-16)$$

式中：$C_\theta(X)_{ij}$ 为协方差矩阵的特征值 $C_\theta X$ 的元素。

（2）数值仿真误差分析

根据上述传感器的空间布置，对其定位效果进行必要的理论分析，即通过传感器空间布阵列相对关系及定位原理进行仿真计算，反演出在该布阵设计方案条件下监测精度（或误差）范围云图，据此来评估该设计布置传感器方案的合理性，用来优化传感器的布置。

利用专业的微震监测性能仿真分析软件 vantage 对其进行精度分析。将拟定方案的传感器坐标导入对应的三维地质模型中，输入传感器的相关参数如图 6-21 所示，分析得到微震系统灵敏度分析云图和定位精度分析云图（图 6-22~图 6-24），从图中可以看出微震系统在监测范围内事件定位精度为 9~27 m，系统震级灵敏度为 -2.1~-2.6，系统能量指数灵敏度为 -1.0~0.0，因此，该微震监测系统台网布置合理，能够保证监测数据的真实性和可靠性，满足矿山对监测系统精度的要求。

Sensors	Parameters											
Name	X	Y	Z	Position error [m]	P-wave velocity [m/s]	P-wave error [%]	S-wave velocity [m/s]	S-wave error [%]	Minimum PPV [mm/s]	Detection prob. [%]	Triaxial?	Geophone?
S1	46355.863	47509.414	-668.165	1.0	5500.0	5.0	3500.0	5.0	0.0050	100.0		☑
S2	46635.254	47523.184	-664.06	1.0	5500.0	5.0	3500.0	5.0	0.0050	100.0		☑
S3	46446.656	47378.016	-665.026	1.0	5500.0	5.0	3500.0	5.0	0.0050	100.0		☑
S4	46732.355	47247.99	-663.623	1.0	5500.0	5.0	3500.0	5.0	0.0050	100.0		☑
S5	46269.74	47602.836	-616.386	1.0	5500.0	5.0	3500.0	5.0	0.0050	100.0		☑
S6	46419.74	47543.586	-616.005	1.0	5500.0	5.0	3500.0	5.0	0.0050	100.0		☑
S7	46572.344	47626.87	-615.629	1.0	5500.0	5.0	3500.0	5.0	0.0050	100.0		☑
S8	46710.55	47554.94	-613.973	1.0	5500.0	5.0	3500.0	5.0	0.0050	100.0		☑

图 6-21　传感器参数设置

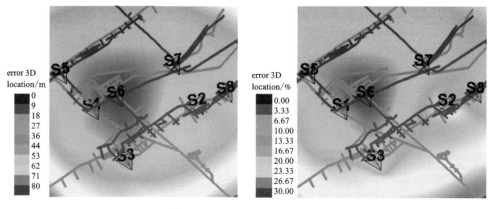

图 6-22　系统三维定位误差分析云图（扫码查看彩图）

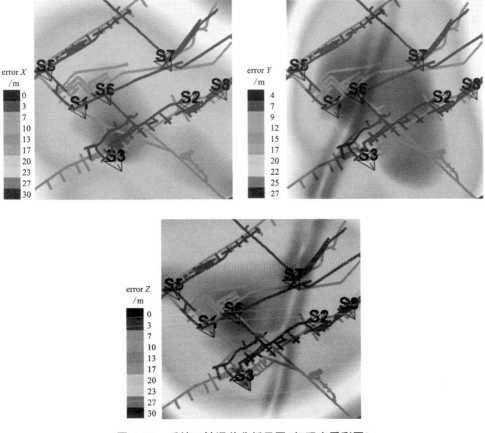

图 6-23　系统三轴误差分析云图(扫码查看彩图)

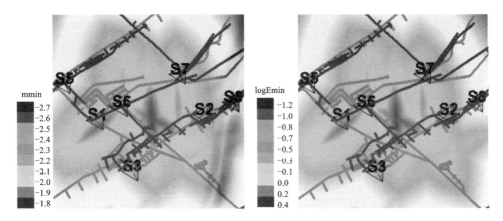

图 6-24　系统震级灵敏度分析云图(扫码查看彩图)

6.4.5 微震监测系统安装

　　基于矿山对深部地压监测的实际需要对地压微震监测区域进行选择，通过与矿山有关部门讨论和井下实地考察，经有关领导决定后，将大开头分矿−620 m 和−670 m 水平 68 线至 94 线之间半径为 200 m 的圆形范围作为主要微震监测区域。玲珑金矿大开头矿段 8 个传感器空间布置如图 6-25 所示。

　　本系统共有 20 个钻孔，每 10 个构成一个监测系统，每一水平 5 个钻孔（4 个钻孔放置传感器、1 个放置主动震源）。为保证监测精度，全部钻孔必须使用地质钻钻孔。钻孔开孔处必须满足岩体完整、坚硬等条件，不能太破碎，钻孔不能经过断层和采空区。数据采集仪分别安放在−620 m 水平 90~92 线之间的盲竖井和 76~78 线之间的天井处，数据采集仪需要做永久支护以保护设备。钻孔参数见表 6-5。

表 6-5　钻孔参数表

阶段	钻孔编号	水平坐标(X/Y)/m	方位角∠倾角/(°)	孔深/m	孔直径/mm
−620 m	S1	46431.64/ 47713.77	197°∠45°	3	60
	S2	46353.82/47655.51	150°∠45°	10	60
	S3	46266.36/47601.46	178°∠45°	3	60
	S4	46395.38/47539.82	10°∠45°	3	60
	S5	46571.06/47623.01	270°∠45°	10	60
	S6	46681.21/47652.35	136°∠45°	3	60
	S7	46600.00/47522.36	0°∠45°	10	60
	S8	46714.19/47554.48	184°∠45°	10	60
	S9	46847.67/47656.75	278°∠45°	10	60
	S10	46856.94/47564.21	280°∠45°	3	60
−670 m	S11	46348.93/47678.62	125°∠5°	3	60
	S12	46284.24/47635.67	338°∠5°	10	60
	S13	46224.05/47572.77	99°∠5°	10	60
	S14	46355.12/47509.91	80°∠5°	3	60
	S15	46441.59/47581.60	192°∠5°	10	60
	S16	46743.14/47676.35	193°∠5°	3	60
	S17	46691.19/47619.83	135°∠5°	3	60
	S18	46641.13/47529.85	24°∠5°	10	60
	S19	46733.27/47582.37	325°∠5°	10	60
	S20	46803.17/47617.51	284°∠5°	3	60

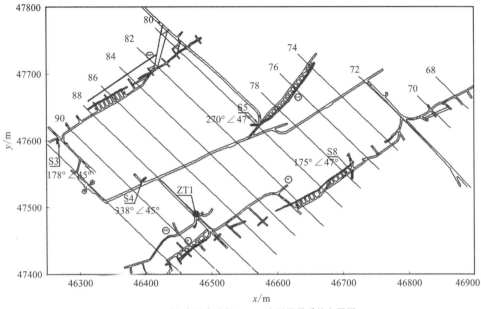

（a）大开头矿段-620 m水平微震系统布置图

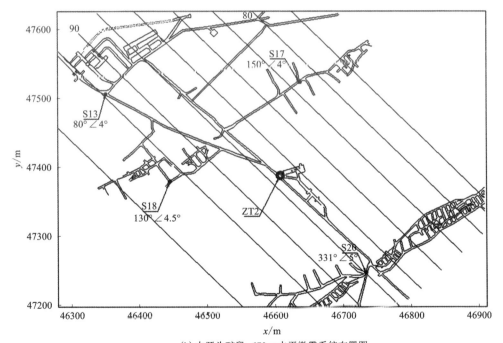

（b）大开头矿段-670 m水平微震系统布置图

图 6-25　大开头矿段传感器空间布置图

首先根据设计方案中的钻孔开孔位置进行实地选择，如果设计开孔处不符合钻孔要求，可在周围 10 m 范围内重新选择符合要求的开孔点。由矿山进行所有钻孔的施工工作，−620 m 水平的 S1~S10 钻孔的倾角为上向 60°，−670 m 水平的 S11~S20 钻孔的倾角为上向 5°，开孔处距巷道底板的高度没有要求，利于施工即可。钻孔结束会得到相应的岩芯，需要按深度顺序摆放在专门的容器内，并运送至地表保存。形成地质钻孔后需要测量实际钻孔的方位角、倾角和实际开孔处的坐标，并记录保存。以 S1 钻孔为例，其钻孔施工图如图 6-26。

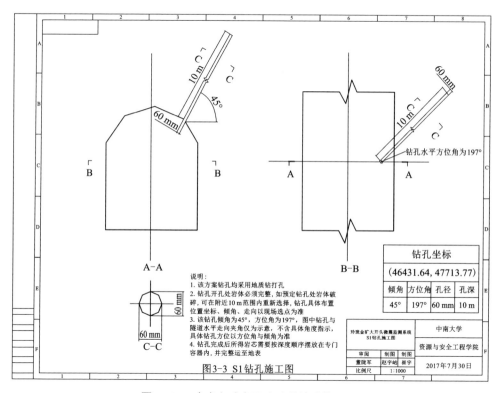

图 6-26 玲珑金矿大开头矿段钻孔施工图

微震监测系统网络布设及传感器安装过程等流程详见图 6-27。

随着三深战略的实施，保障深地资源开采安全、提高微震监测技术具有重要意义。本书围绕微震定位这一微震监测技术研究中最重要的问题，从影响微震震源定位精度的到时差拾取精度、传感器布置方案、速度模型准确性、定位算法选择等因素着手，通过理论分析、数值模拟、统计理论、室内试验和现场工业试验等方式，全面系统地进行了研究，取得了若干成果，是对微震定位技术发展的一次尝试。同时，本书对到时差拾取精度、传感器布置方案、速度模型准确性、定

(a) 现场调差确定传感器安装位置

(b) 地质钻打孔

(c)注浆、安装导波杆与传感器

图6-27　微震监测系统网络布设和传感器的安装

位算法选择等方面的改进虽然分别提高了定位精度但不能完全线性地叠加，因为针对一个因素的改进可能改进的是相同来源的误差，也有可能会间接地引起其他因素的影响程度变化，所以本书没有针对所有因素的改进进行叠加，只是分别进行了讨论分析和算法改进。由于时间所限，我们的研究在许多方面有待更进一步加强，许多应用场景需要进一步试验，大量的研究也需要更多更进一步转化为生产力。期待更多人与我们同行。

参考文献

［1］杨志国，于润沧，郭然. 基于微震监测技术的矿山高应力区采动研究. 岩石力学与工程学报，2009，28(2)：3632-3638.

［2］展建设，曾克，曹修定，等. 以微震特征监测地质灾害的实验研究［J］. 勘察科学技术，2002，1：61-64.

［3］陶慧畅. 地下矿山实时在线安全监测系统研究［D］. 武汉：武汉科技大学，2013.

［4］窦林名. 多功能一体化微震系统［J］. 煤矿设计，1999，6：44-46.

［5］李夕兵，姚金蕊，杜坤. 高地应力硬岩矿山诱导致裂非爆连续开采初探——以开阳磷矿为例［J］. 岩石力学与工程学报，2013，32(6)：1101-1111.

［6］POTVIN Y, HUDYMA M R. Seismic monitoring in highly mechanized hardrock mines in Canada and Australia.//International Symposium on Rockburst & Seismicity in Mines，2001：267-280.

［7］朱超. 微震实时在线监测系统的研究与实现［D］. 武汉：武汉科技大学，2012.

［8］WENG L, HUANG L*, TAHERI A, et al. (2017) Rockburst characteristics and numerical simulation based on a strain energy density index：a case study of a roadway in Linglong gold mine, China. Tunnelling & Underground Space Technology, 69：223-232.

［9］唐礼忠，潘长良，谢学斌. 深埋硬岩矿床岩爆控制研究［J］. 岩石力学与工程学报，2003，22(7)：1067-1071.

［10］唐春安，费鸿禄，徐小荷. 巷道表面岩爆的围压效应［C］//第二届全国青年岩石力学与工程学术研讨会，1993.

［11］李夕兵，姚金蕊，宫凤强. 硬岩金属矿山深部开采中的动力学问题［J］. 中国有色金属学报，2011，21(10)：2552-2562.

［12］ORTLEPP W D. RaSiM comes of age-A review of the contribution to the understanding and control of mine rockbursts［C］.//Proceedings of the Sixth International Symposium on Rockburst and Seismicity in Mines, Perth, 2005：9-11.

图书在版编目(CIP)数据

硬岩矿山微震定位理论与方法 / 黄麟淇著. —长沙：
中南大学出版社，2023.1
　ISBN 978-7-5487-5190-8

　Ⅰ．①硬… Ⅱ．①黄… Ⅲ．①硬岩矿山－小地震－地
震定位－研究 Ⅳ．①P315.61

　中国版本图书馆 CIP 数据核字(2022)第 213448 号

硬岩矿山微震定位理论与方法

YINGYAN KUANGSHAN WEIZHEN DINGWEI LILUN YU FANGFA

黄麟淇　著

□出 版 人	吴湘华	
□责任编辑	伍华进	
□责任印制	李月腾	
□出版发行	中南大学出版社	
	社址：长沙市麓山南路	邮编：410083
	发行科电话：0731-88876770	传真：0731-88710482
□印　　装	湖南省众鑫印务有限公司	

□开　　本	710 mm×1000 mm 1/16	□印张 12	□字数 238 千字	
□版　　次	2023 年 1 月第 1 版	□印次 2023 年 1 月第 1 次印刷		
□书　　号	ISBN 978-7-5487-5190-8			
□定　　价	78.00 元			